BEAUTY DESIGN CREATIVE
뷰티 디자인

BEAUTY DESIGN
CREATIVE
뷰티 디자인

정연자

/

김진희

교문사

세계적 문호 괴테는 말했다. "미는 예술의 궁극적 원리이고 최고의 목적이다."라고 말이다. 과연 그럴까? 아름다움, 뷰티란 어쩌면 인간 삶의 목적이 될 수도 있다. 뷰티란 외관상의 아름다움만을 말하는 것은 아니며 미학과도 연관성이 있다. 뷰티 디자인은 직접 인체에 아름다움을 표현한 후 나타나는 미적 표현이 궁극적인 목적이다. 기능성이나 유용성보다 인간의 존재와 감성을 중시하는, '인간적인' 디자인이라는 점에서 기존의 디자인과 차별성이 있다. 인체의 외부를 다루는 것 같지만 인간 감성도 같이 다룬다는 점에서 결코 쉽지만은 않은 융복합적인 학문이다.

이 책은 인간의 창조적 가치를 창출하는 뷰티 디자인을 이해하기 위한 디자인 담론에 대한 소개를 시작으로 이론적 배경에 대한 전반적인 이해와 창의적인 아이디어 발상기법, 그리고 표현의 실제까지 체계적으로 소개하고 있다. 크게 4개장으로 구성하였다.

Chapter 1 뷰티 디자인 알아보기에서는 '디자인 담론', '디자인과 예술', '뷰티 디자인 유형' 등 뷰티 디자인의 이론을 다루고 있다. '디자인 담론'에서는 감정, 철학, 아이디어의 메시지를 전해주는 정신적·창조적 의미창출로서의 디자인, 단순히 독창적이고 새로운 디자인을 추구하는 것을 넘어서서 신선함을 제시할 수 있는 미적 표현 방법으로의 지속가능한 디자인, 다양한 것들이 모여 균형 있는 하나를 이루어 내는 통합으로의 디자인, 그리고 인간의 감성을 추구하는 뷰티 디자인 등을 다루었다. '디자인과 예술'에서는 아름다움과 미적 작품을 형성시키는 인간의 창조활동인 예술에 대한 내용, 디자인과 과학의 적절한 조화를 통해 바람직한 결과를 이루어내는 중요한 관점을 소개하였고 '뷰티 디자인 유형'에서는 헤어, 메이크업, 피부, 네일 분야 등 뷰티 디자인 전반에 대하여 다루고 있다.

Chapter 2 뷰티 디자인 이해하기에서는 뷰티 디자인 요소와 원리, 감성 언어 이미지 분류에 따른 뷰티 디자인 이미지에 대한 기본 이론과 함께 표현된 작품의 실제를 제시하였다. 뷰티 문화사도 살펴보고 있는데 시대별 조형 디

자인사를 함께 고찰하여 뷰티 문화사와 디자인사의 연계성을 파악할 수 있도록 하였고 뷰티 디자인을 위해 가장 기본적으로 알아야 하는 퍼스널 컬러에 대해서 소개하였다.

Chapter 3 뷰티 디자인 생각하기에서는 생각에서 출발하는 뷰티 디자인을 위해 무엇을, 어떻게, 생각할 것인지에 대해 다룬다. 특별히 '틀에서 벗어나 생각하기'를 다루고 있다. 상상력과 창의력에 필요한 관찰, 느낌·감정, 직관, 통찰에 대한 내용, 뷰티 디자인의 아이디어 발상을 위한 7가지 생각 기법에 관하여 알아보는 자리가 될 것이다.

Chapter 4 뷰티 디자인 표현하기에서는 디자인 프로세스와 달리 인체를 대상으로 하는 광의적이고 통합적인 뷰티 디자인 프로세스에 대하여 소개하였다. 마지막으로 뷰티 디자인 프로세스에 따라 헤어, 메이크업, 네일 디자인 작품을 창조하는 방법을 실었다.

뷰티 디자인의 기본에 대해 잘 알고 아이디어를 떠올려 표현하게 된다면 누구라도 뷰티 디자인 분야에서 전문성을 갖게 되리라고 생각한다. 집필 기간 동안 뷰티 디자인의 기본을 잘 짚어 주면서 아울러 흥미도 유발할 수 있는 방안을 많이 고민하였다. 학문으로서의 뷰티 디자인과 커뮤니케이션 방법을 알고자 하는 학생들에게 이 책이 좋은 지침서가 되리라 믿는다. 이 책이 만들어지는 데에는 여러 사람들의 수고가 있었다. 자료 정리와 작업을 꼼꼼히 도와준 사랑하는 제자 슬비, 시은, 슬기, 은정, 기현에게 고마움을 표하고 싶다. 더 잘 내고 싶은 욕심에 수없이 많이 교정해도 불평하지 않으시고 아름다운 책을 만들어주신 교문사 사장님을 비롯한 관계자분들께 감사드린다.

2015년 3월
저자 일동

Contents

CHAPTER 1

INVESTIGATE

뷰티 디자인 알아보기

디자인 담론 | 디자인과 예술 | 뷰티 디자인 유형

디자인
담론

의미창출로서의 디자인

빅터 파파넥은 "디자인은 의미 있는 질서를 창조하려는 의식적인 노력이다."라고 정의했다. 현대 디자인 개념은 생활의 실용을 위한 과거 디자인의 단순한 의미에서 벗어나 다양한 새로운 의미를 창출해 내고 있다. 눈에 보이는 유형의 디자인시각 디자인, 제품 디자인, 환경 디자인, 도시 디자인 등에서부터 눈에 보이지 않는 무형의 디자인서비스 디자인, 생활 디자인, 시대 디자인 등까지 모든 것에 의미를 부여하고 있다.

산업사회에서 이른바 좋은 디자인good design이라고 인식되던 것은 그 속에 내재되어 있는 정신적인 면, 인간 본연의 감성적인 요소를 대부분 박탈하고 오로지 합리적이고 기능적인 형태만을 추구했다.

이후 18세기 후반에 시작된 산업혁명과 20세기 두 차례의 세계대전을 겪으면서 기술 발전이 다양하게 이루어졌는데, 이것은 표면적으로 아날로그적인 형태를 벗어나서 디지털의 형태로 변화하게 했다. 형태와 기능을 중시하는 물질적 사고의 디자인에서 인간과 사회에 새로운 의미와 가치를 부여하는 디자인으로 변하고 있다. 이제 기술적 기능만을 최고의 가치로 여기는 시대가 아니라 다양한 정보화를 바탕으로 인간 중심의 디자인을 지향하고 있는 것이다.

디자인이 '삶'의 의미를 가치 있게 창출하는 역할을 하면서 미적 중심의 시각적 표현이라는 존재의미를 넘어 인간이 행할 수 있는 중요한 일이나 의식들을 새롭게 창조할 수 있게 되었다. 이와 같이 디자인의 분야의 역할 확장과 다양성이 구체적으로 사회에 나타나게 되고, 가치 창출의 주체가 되면서 디자인의 속성인 정신적·창조적 특성들은 가치를 만들어내는 중요한 도구로서 많은 의미 창출 과정을 돕게 되었다. 이러한 인간, 삶, 가치의 변화를 이루고 있는 디자인에는 인간의 무수한 욕구를 만족시킬 수 있는 다각적인 효율성과 창조적 역할이

»Design that makes your heart beat«

있으며 동시에 정신적·물질적 기능을 이루어 낼 수 있는 이상적인 특성도 있어야 한다.

또한 디자인은 대중에게 감정, 철학, 아이디어 등의 메시지를 전해주는 의사전달 수단이므로 그 디자인에 대한 지적 호기심을 충족시켜주어야 한다.

과거 생산 위주의 디자인에서는 경제적 의미 추구가 가장 중요했다. 그러나 경제적 의미를 추구하는 것은 이미 그 의미를 다했다고 해도 틀린 말이 아니다. 경제적 우위가 있는 현 세대의 디자인에서는 과거 세대와는 다른 디자인을 통해 새로운 의미를 충족시키는 것이 가장 중요한 가치로 자리 잡고 있다. 디자인은 이미 생산자 위주의 시스템에서 벗어나 사용자의 감성을 충족하는 단계로 변하고 있다. 미래 디자인은 물질적 존재가 아니라 '의미'로만 존재할 것이며 '형태와 기능'이 아닌 '형태와 의미'를 디자인하는 시대를 맞이할 것이다. 이제 인간, 인간과 가장 가까운 자연, 그리고 과학기술의 정점에 다다른 시대 상황에 맞추어 형태를 통한 가치 추구, 의미를 디자인하는 것이 제일 중요한 과제이다.

2
지속가능한 디자인

오랜 역사가 있는 디자인의 다양한 활동은 인간과 함께 공존하고 변하면서 그 의미와 지속력이 다양해지고 진화하였다. 현재 우리가 살고 있는 환경을 살펴보면 자연물을 제외한 모든 것이 마치 처음부터 있었던 것처럼 우리의 생활 전반과 삶 가운데 같이하고 있다. 인공물이라고 부를 수 있는 모든 디자인은 역사적 의미를 내포하고 있고, 세

나선형 계단과 지속가능성의 순환성

대와 세대를 연결하는 고리 역할을 해내고 있다. 사람이 만든 다양한 디자인에 대해 우리가 늘 새로운 것만을 추구하는 것은 아니다. 현대 사회에는 미래에 대한 불확실성이 나타나고 환경 파괴가 생겨나고 있기 때문에 사람들은 다시 사용하고 계속 인정되거나 유지할 수 있는 디자인에 큰 관심을 보이고 있다. 이제 디자인은 생태학적으로 책임감이 있고 사회적으로 민감하게 반응하여야 하는 지속가능성을 갖추어야 한다.

'지속가능한'의 사전적 의미는 환경 파괴를 유발하지 않는 인간의 경제적 활동, 문화적 형태를 의미하거나 그런 활동과 관련이 있는 것이다. 그리고 미래 세대를 위한 환경의 보전과 양립 가능한 방식을 통한 천연 자원의 개발, 유지와 이용을 의미한다. 지속가능한 디자인

리사이클 디자인을 보여주는 조명

sustainable design은 환경 친화적eco-friendly인 그린 디자인green design, 에코 디자인eco-design*이나 리사이클 디자인recycle design** 등의 의미를 포함하고 있다.

따라서 지속가능한 디자인은 자연계에서 최대한의 다양성을 위한 최소한의 노력, 최소의 수단으로 최대의 효과를 이루는 것이 목적이다. 책임감 있는 의식과 결합하여 디자인을 통한 생존의 가능성을 추구할 수 있는 측면에서 의미를 찾아볼 수 있다.

현시대의 디자인은 개인적이든지 사회적이든지 책임의식을 가져야 한다. 사회적·경제적·기능적·미적 순환뿐만 아니라 다음 세대가 물려받을 수 있는 환경에 새로운 가치를 부여한 인간 중심의 감성 디자인을 추구하여야 한다.

디자인의 측면에서 미는 기능과 마찬가지로 수명이 제한적이어서 시간이 경과하면 그 가치가 소멸되기 때문에 늘 다른 미로 대체되어야 하는 극히 소비적인 것으로 단정했다. 미적 감성 측면의 지속가능성은 유한한 미가 아닌 연속선상에서 이어지는 심미적 감성을 추구하는 것을 의미한다. 시대적 감각의 흐름을 타지 않고 유행이나 변화에 덜 반응하며 정신적 가치를 지니는 타임리스 스타일timeless style과 창의적인 디자인의 재순환을 의미하는 리디자인re-design은 창의성의 새로운 순환으로 지속가능한 순환을 의미한다. 이는 단순히 독창적이고 새로운 디자인을 추구하는 행동을 능가하고 익숙한 신선함을 제시할 수 있는 미적 표현의 방법으로 지속가능한 디자인으로의 가치를 부여할 수 있다.

---

* 에코 디자인은 생태학적(ecology), 친환경적인 의미로 사용되어 환경과 생태학적 요소를 고려하여 인류의 환경과 미래세대에 온전한 지구를 물려주기 위해 환경을 보전할 수 있는 환경 친화적 디자인을 말한다.
** 리사이클 디자인이란 '재생하여 이용하다, 재순환시키다, 고치다'라는 자원의 순환적 의미로 단순한 물질적 재활용뿐만 아니라 디자인의 새로운 감각으로 변형과 형태의 재활용도 같이 이루어지는 디자인이다.

역사 속에서 인간과 같이 순환하면서 환경 속에서 함께 공존할 수 있는 디자인이야 말로 지속가능한 디자인으로의 가치를 부여 받을 수 있다.

3
통합으로의 디자인

인간의 삶은 지속적으로 변화되고 있기에 디자인 분야에서는 상상을 초월하는 다양성과 강한 집중력이 동시에 요구된다. 특히 통합적이고 융합적인 디자인 특성이 나타나고 있다. 통합은 다양한 것을 모두 합쳐 하나로 만든다는 의미이며, 통합으로의 디자인은 다양성이 공존하여 균형 있는 하나를 이루어 내는 것이다. 현대 디자인은 예술, 기술, 사회와의 경계선상에서 다양한 의미로 사용된다. 예술과의 경계에서는 아름다움을 위한 장식의 의미로, 기술과의 경계에서는 계획하고 정리하는 의미로, 경영과의 경계에서는 창조적 활동의 주체로 여겨지고 있다. 디자인은 이러한 경계에서 다양한 의미의 영역을 넘나들며 '통합'이라는 새로운 교류 방법을 만들어 내었다.

지금까지의 디자인은 순수예술에 더 가까웠다. 이후 점차 디자인의 영역이 인간, 자연, 사회 안에서 다양하게 응용되고 분리되면서 예술과 과학 사이에 놓이게 되었다. 이러한 디자인으로 표현된 형태는 예술적 가치에 근거를 두고 기능은 과학에 기초를 둔 통합 작업으로 만들어진다. 디자인은 남다른 조형감각과 함께 계획적이고 과학적인 과정을 거쳐 구체적인 해결책을 제안하는 것이다. 그러나 공통적인 기본 목표는 시각적인 아름다움과 함께 기능을 생각하고 인간을 반드시 고려해야 한다는 점에서는 같다. 이를 표현하기 위해서는 디자인

선과 면의 통합을 보여주는
로고 디자인

요소와 원리의 적용이 이루어져야 하며 조형감각에 의한 절제와 통제력이 함께 어우러져야 한다.

디자인 문제는 디자이너 개인의 문제뿐만 아니라 정치, 경제, 문화, 환경 등 복합적인 사항이므로 다양한 학제적 전문가의 의견이 반영되어야 한다. 이러한 문제 해결을 위한 디자인의 행위는 단순한 과정으로 이루어지는 것이 아니라 고도의 지적 수준을 갖추고 내용을 구체화시키는 구성요소의 다양한 조합을 이끌어 내는 의식에 의해 이루어진다. 구체화시키는 것은 과학, 기술, 경제, 경영, 그리고 미술과 같은 다양한 방면으로 연결되어 있다.

이와 같이 현대사회에서 디자인 활동은 다양한 분야와 함께 나타나는 지적 조형 활동이라고 할 수 있으며 지적 조형 활동으로의 디자인은 인문과학, 자연과학, 사회과학 등의 인접 학문과 관련성이 있다. 디자인에서 '지적知的'이라는 용어는 창조성의 지적인 방법으로 다른 학문과의 상호 교류를 통해 새로운 지식을 습득하고 그것을 토대로 폭 넓게 새로운 시각을 키우는 방법을 말한다.

또한 디자인 활동은 한 분야만을 드러나게 하는 것이 아니라 다방면의 지식과 함께 다중적인 현상으로 나타나게 된다. 이러한 다중성은 점차 강화되고 있다. 하나의 디자인으로 많은 기능을 할 수 있게 되며, 예술이 생활 속으로 들어오게 되면서 자연스럽게 예술과 생활의 이중구조가 허물어지고 있다. 포스트모더니즘의 시대적 사조를 통과하면서 세계의 구조적 관계가 점차 하나로 모이는 사회적 현상이 일어나면서 이제 다양성을 넘어서 통합되고 융합되어 하나로 녹는 문화적 현상을 구축하고 있다. 다양한 면모를 갖추고 있으면서도 중심적인 이미지를 표현할 수 있는 것, 복잡하고 미묘한 양상들이 한눈에 들어오게 하는 것, 어렵고도 쉬운 것, 많은 것들을 가지고 하나로 모아 만들어 내는 복잡다단한 현상이다.

이와 같이 미래지향적인 의의를 내포하는 융합적·통합적 디자인은 사회, 문화, 예술, 과학기술 등의 괄목할 만한 발전을 통해 이루어낸 결과이다. 통합으로의 디자인은 협의적 의미와 가치를 추구하는 단편적 기능의 디자인에서 다양한 분야와 협동하는 디자인으로 전환되어 보다 종합적인 양상이 나타나고 있다. 새로운 시대의 디자인에는 획일적인 개념을 극복한 조화로운 창조와 비전, 보편과 다양, 변화와 지속이 공존하고 있다. 이제 우리는 새로운 시대에 부합되는 디자인 의식의 전환이 필요하다.

$\overline{4}$
감성을 추구하는 뷰티 디자인

아름다움을 추구하는 인간의 예술적 성향은 산업사회 이전에는 사람들의 정신적·육체적인 수고를 통해 표현되었다. 그러나 산업사회 이후 미의 추구는 순수한 예술적 표현과 함께 경제성에 따른 구체적인 목적의식이 디자인에 나타나고 있다. 현시대의 디자인은 의미의 중요성이 더욱 부각되고 있으며 표현 양상들이 다양해지고 있다. 문화, 예술은 물론 일상생활과 사회·문화의 모든 분야에 걸쳐 요구되고 광범위하게 사용되고 있다.

　디자인의 개념은 '발터 그로피우스Walter Gropius'가 1919년 바이마르에 바우하우스bauhaus를 창설했던 때에 생겨났다. 라틴어의 '데시그나레designare'에서 유래된 것으로 '계획을 기호로 표시하다'의 의미이다. 밑그림을 그리다, 소묘하다의 뜻인 이탈리아어의 '디세뇨disegno', 목적, 계획, 스케치를 의미하는 프랑스어인 '데생dessin'에도 그 어원을 두고 있다. 어원적 의미를 통해 살펴보면 디자인은 모든 조형 활동에 대한 계획을 의미하며 도안, 밑그림, 의도적 계획 및 설계, 구상, 착상 등 다양

한 의미의 조형계획을 말한다. 이를 통해 회화와 조소에서부터 기계설계 등 여러 분야에 디자인의 의미가 적용되고 있는 것을 알 수 있다.

과거 디자인은 하나의 결과물을 얻어내기 위한 해결방법으로 생각했다면 오늘날의 디자인은 결과물과 함께 사용자의 행위인 지적 활동*도 함께 포함하는 것으로 정의하고 있다. 디자인은 인간과 사회의 물리적이고 정신적인 요구에 응하여 의도하는 목적물을 창의적인 발상과 상상력을 통해 여러 가지 방법과 프로세스를 적용하여 구체적이고 조형적인 결과물을 제안하는 창조 활동이라고 할 수 있다.

이러한 디자인의 개념은 적용범위를 광의로 확대하여 물건과 관련된 인간 개개인의 생활방식뿐만 아니라 자연과 인간의 공생관계를 주목하여 생활문화디자인의 영역까지 접근하고 있다. 이것은 심지어 지식, 여가, 인생까지 설계한다는 의미로 디자인 활용이 생활 속에 전반적으로 확대되어 보편화되고 있다. 디자인은 여러 가지 종류의 정보를 조작하고 이를 종합하여 일관된 생각으로 만들어 실체화하는 과정에서도 의미를 부여하고 그와 함께 문제를 해결하는 것을 목적으로 하여 형태를 만들어 내는 것이다. 또한 목적물에 관한 시각적인 형상을 만들기 위해 구성요소들을 계획적으로 배치하는 것이며, 이미지를 실체화시키는 것을 의미한다.

그와 함께 디자인은 조형적인 결과물 안에 무언가를 겸비해야 한다. 인간의 냄새가 풍기는 디자인, 한번 보면 다시 눈이 가는 디자인, 기억에 남는 디자인, 나를 위해 마치 맞추어 놓은 듯한 디자인으로 인간의 마음과 심성을 담아내야 한다. 현대 디자인에서는 지극히 개인적인 어떤 의미를 담아 정신적인 가치 추구의 목적이 강하게 드러나는 현상이 나타난다. 이러한 현상은 디자인 표현에서 사용자를 위해

---

* 지적 활동은 기능, 활동, 구조, 재료, 공학, 기술 등과 같은 지적 부분과의 상호관계를 맺으며 디테일, 공간, 모양, 형태, 색채, 질감 등을 조화 있게 배치하여 사용자의 요구를 충족한다.

감성적인 인간의 가치를 중점적으로 드러내는 중요한 부분으로 부각되고 있다. 디자인의 기능적인 평가에서 벗어나 기능과 형태를 통한 심미적인 활동인 개인적인 의미와 가치를 추구하게 된다. 이렇듯 감성적 표현은 현시대뿐만 아니라 시간이 갈수록 중요한 부분으로 드러날 것이다.

특히 뷰티 디자인은 인체와 직접적으로 관계가 있다. 인체의 형태, 선과 색의 적절한 변화, 다양한 소재 등의 활용을 통해 이미지를 실체화, 구체화, 시각화시키는 작업이다. 기능성과 유용성을 부여하기보다는 인체에 직접 나타나는 미적 표현이 궁극적 목적이자, 최적의 가치로 생각하는 특징이 있다. 그러므로 뷰티 디자인은 생활의 편익을 위한 도구처럼 사용 시의 목적과 기능을 요구하는 것이라기보다는 인간의 미적 요구와 맞물려 정신적 가치를 창출하기 위한 디자인이라고 할 수 있다. 기능적이고 실용적이라 해도 인간의 내적 요구의 만족을 끌어내지 못한 디자인은 감동과 심리적 만족을 주지 못한다. 디자인 감성은 심리적 감성의 영향이다. 이러한 심리적 감성은 경제·사회·문화적 요소 또는 자연환경의 환경적 요소와 소비자 개인의 가치관, 태도, 신념, 개성, 지각, 사고, 학습 등 개인이 가지고 있는 가치와 삶을 통해 생성된다. 따라서 디자인의 기능성, 심미성, 상징성에는 개인마다 다른 감성적 욕구와 특성을 반영한다.

뷰티 디자인은 이와 같은 인간의 내적 요구와 만족을 가져다주고 개인의 감성을 표현해준다. 특히 인체에 직접 이미지를 시각화하는 작업 활동으로 인간의 삶과 미적 요구에 대해 밀접한 관계를 형성한다. 뷰티 디자인은 인간의 감성을 표현하므로 본능에 가까운 미적 활동에서부터 인간과 인간 사이의 사회적 교류를 위한 표현까지 다양한 분야에서 활용되고 있다.

뷰티 디자인은 헤어, 메이크업, 네일, 피부 분야로 분류된다. 피부 분야는 특별한 디자인을 필요로 하지 않기 때문에 이 책에서는 디자인 프로세스 및 창조하기에서 배제되었다. 인간과 아주 가까운 디자인 활동이기 때문에 인간의 감정과 함께 개인적인 성향까지도 이해하며 수긍하고 받아들여야 하는 분야이다. 따라서 뷰티 디자인은 인간 중심의 디자인이므로 다른 어떤 디자인보다도 인간에게 가치를 부여하고 삶에 영향을 끼치는 의미가 깊은 중요한 분야이다. 인간 삶의 가치 추구와 함께 그 의미를 고차원적으로 상승시켜 감성적으로 표현하는데, 개인적인 성향과 감성을 이미지로 표현하여 인간의 존재와 감성을 중시하는 창의적인 표현 전달 수단을 지니고 있기 때문에 의미가 더 크다.

디자인과 예술

아름다움과 예술

아름다움

인간의 모든 감각을 통해 느낄 수 있는 온갖 것에는 '아름다움'을 내포하고 있다. 음악을 들으며 그림을 보면서, 맛있는 음식을 먹으면서도 우리는 감동하거나 마음속으로 감정을 깊게 느끼게 된다. 미美, beauty는 특히 시청視聽, 눈으로 보고 귀로 듣는 것을 통해 얻은 기쁨과 쾌락의 근원적 체험을 주는 아름다움이다. 관념론적인 미는 정신에 의해 감지되며 순수한 감정과 직관적인 형식에서 나타난다. 반면 유물론적 입장에서의 미는 대상이 갖는 전체와 부분의 조화, 그리고 균형에서 나오는 단순하게 관조적으로 해석된 미를 의미한다. 한자어 미美는 구성상으로 볼 때, '양羊' 자와 '대大' 자를 합친 것으로 설명된다.* 이러한 미를 자연과 인생, 그리고 예술로 나누어서 생각해볼 수 있다.

자연미는 자연의 경관만이 아니라 온갖 생물과 무생물을 막론하고 하찮은 유기물이나 무기물에 이르기까지 제 나름대로 모든 자연의 소산 사이에 편재하고 있다. 특히 오랫동안 농경 생활이 중심인 경우 자연에 대한 예찬은 일일이 그 예를 들 필요조차 없을 정도이다. 인위적으로 무언가를 통해 감동을 주는 것이 아니라 원래 그대로의 모습에서 인간들은 본능적이면서 감성적 체험을 통해 아름다움을 알게 되고 배우면서 체득하게 된다. 인간을 둘러싼 자연은 그 아름다움의 시

---

* 이러한 설명에 따르면, 미는 '큰 양'으로서, 양이 크면 살지고 맛이 좋다는 뜻을 함축하는 셈이 된다. 말·소·돼지·개·닭과 더불어 이른바 육축(六畜) 중의 하나인 양은 반찬(膳)에서 주가 되기도 한다. 이러한 '선(膳)'은 고기를 뜻하는 '월(月)' 자와 좋다는 뜻의 선(善) 자가 합쳐진 말로 양은 상서로움을 상징하기도 한다. 이처럼 미를 맛을 매개로 선(善)과 상통하는 문자로 풀이하는 설명은 이를 곧 '달다 감(甘)'과 바꿔 쓰기도 한다. 단맛은 신맛·쓴맛·매운맛·짠맛 중 하나인 동시에 5가지 맛이 있는 오미지미(五味之美) 전체를 대표하기도 한다. 이러한 미각적 의미로부터 나아가 넓은 의미에서 좋은 것(好)은 모두 아름답다는 해석이 가능해진다. 미 또는 아름다움이 차차 선(善)과 의와 그 뿌리를 같이한다고 의식되는 동시에, '대상이 또는 대상에서 저 곧, 각자(私)와 같을 때 또는 발견할 때 느끼는 감정'이라고 정의될 수 있다.

작이며 또한 끝이다. 자연 속에서 자연스럽게 얻은 미적인 본능은 사회의 다양한 변모 속에서도 그 양상을 벗어나지 않고 이어진다.

인생은 인간과 그의 생활 전반을 요약한 말이다. 인생미란 인간 자체와 인간이 영위하는 생활에서 발견되는 아름다움을 말한다. 자연주의적 경향이 강할 경우 자연에서 발견되는 조화 등의 특징을 인간과 생활에서도 발견해 보려고 하는 경향이 강하게 드러나게 된다. 이런 생활 속에서 아름다운 사람이란 신체의 외모를 지칭할 수도 있지만 진정한 의미의 인간미란 '사람다운 사람'의 인륜적 선善에 그 바탕을 두어야 비로소 정당화될 수 있다.

예술의 경우, 18세기에 이르러 순수 예술 개념이 정립되면서 '아름다운 자연을 모방하여 독특한 쾌快를 산출해 내는 인간 활동'으로 정의되었다.

고전적인 미의 의미는 형태의 초감각적 존재를 말하는 것이다. 미가 완전성, 조화, 빛남으로 인식될 때 비로소 느끼는 기쁨이라고 했으나 시간의 흐름에 따라 미의 의미는 영원부동의 원리가 아닌 현상적인 것으로 일시적인 충족감에 지나지 않게 되었다.

이러한 미는 현시대에 이르러 시대적인 양상이 부가되며 미적 형식이 단순한 의미의 쾌감이 아니라 넓은 의미의 미적 범주인 '추'의 개념까지도 다루게 되었다.

'추'는 아름답지 않은 것에 대한 거부감을 넘어 미의 범주를 확대하면서 모든 현상을 이해하고 받아들이는 심리적인 미이다. 이같이 미를 단순히 조화나 균형 혹은 비례 등과 연관시켜 좁게 해석하는 태도를 벗어나서 외래적인 미, 즉 가치 기준의 수용과 우리의 미의식 자체의 시대적 변용으로 인하여 '깨끗하다, 밝다, 예쁘다, 날씬하다'와 함께 그 반대인 '칙칙하다, 어둡다, 무디다, 일그러지다'라는 것도 아름다움으로 간주하는 태도가 나타나게 된 것이다. 이러한 미는 인간을 존중하는 미의식으로 진정한 미적인 태도로 이어진다.

예술

다른 사람들과 공유할 수 있는 심미적 대상, 환경, 경험을 창조하는 과정에서 기술과 상상력을 동원·발휘하는 인간의 활동과 그 성과를 예술藝術, art이라고 한다. 미의 범주에 속하는 예술은 자연계에 있는 사물처럼 주어진 것이 아니고 인간의 예술적 의욕에 의해 창조되는 것이다. 무엇이 예술인가에 대해 한마디로 말하자면 인정이다. 자기가 속해 있는 분야가 다른 사람들에게 아름답다고 받아들여지고 문화적으로 인정받았으면 하는 바람을 가지는 것이다.

예술이라는 말은 라틴어의 아르스ars에서 유래했는데, 이 말은 그리스어의 테크네techne에 해당된다. 그리스 시대의 테크네에는 솜씨skill, 즉 물품, 가옥, 조각상, 선박, 침대, 항아리, 옷가지 등 모든 것을 만드는 데 요구되는 솜씨뿐만 아니라 군대를 통솔하고 토지를 측량하고 관중을 사로잡는데 요구되는 말솜씨도 해당된다. 그 당시 예술은 솜씨나 기술을 뜻했으며 크게 정신적 수고로 이루어지는 순수예술fine art과 육체적 수고로 이루어지는 수공예craft로 분류했다. 순수예술은 훌륭한 기술로 표현되는 자율적 예술로서 문법, 수사학, 논리학, 기하학, 천문학, 음악 등이 이에 속하고 수공예는 유용성을 기준으로 하는 평범한 예능으로 조각, 회화, 의료술, 전투술, 직조술, 공연술이 속한다.

시대적 흐름의 영향에 따라 기술과 예술은 분리되면서 의미도 역시 다르게 해석된다. 모든 것을 사람이 해결하던 시대의 기술은 곧 예술성을 겸비하게 되었고 이에 따라 기술은 항상 예술성과 맞물려 형성되었다. 시대가 변하여 산업사회를 이루게 되고 기술의 고전적인 의미보다 기계화된 체제가 등장하게 되었다. 이것은 인간의 기술로 해결하던 문제들을 기계의 힘으로 쉽고 빠르게 해결하려는 성향을 보이게 되면서 효율성과 유용성이 강조되었고, 기술을 점차 과학적 체제로 설명하게 되었다. 기술technology은 기능을 의미하는 테크네techne와 말을 의미하는 로고스logos가 합쳐서 이루어진 것이다. 이는 자연의

17세기 혁신적인 기술, 증기기관

진리와 인간의 지식을 통해 가치를 창출하고 인류 복지에 기여하도록 하는 방법을 의미한다.

예술은 미적美的 작품을 형성시키는 인간의 창조 활동이다. 원래는 기술과 같은 의미를 지닌 어휘로 어떤 물건을 제작하는 기술능력을 가리켰다. 예술에서 '예藝'에는 본디 '심는다 종種·수樹'라는 뜻이 포함되어 있으며, 그것은 '기능機能', '기술技術'을 의미하는 것으로서 고대 동양에서는 사대부가 필수적으로 갖추어야 했다. 육예六藝, 禮·樂·射·御·書·數의 '예藝'는 인간적 결실을 얻기 위해 필요한 기초 교양의 씨를 뿌리고 인격의 꽃을 피우는 수단으로 여겼던 만큼 거기에는 인격도야의 의의도 있었다.

그리고 '술術'은 본디 '나라 안의 길邑中道'을 의미하며, 이 '길道·途'은 어떤 곤란한 과제를 능숙하게 해결할 수 있는 실행방도實行方途로서 역시 '기술'을 의미하는 말이다. 이와 같은 뜻을 지닌 '예술'이라는 말은 고대부터 존재했다.

이처럼 예술은 미적美的 의미뿐만 아니라 '수공手工' 또는 '효용적 기술'의 의미를 포괄한 말이었다. 이러한 기술로의 예술 의미가 예술 활동의 특수성 때문에 점차 미적 의미로 한정되기 시작했다. 이러한 미적 의미에 한정된 예술의 관념은 18세기에 와서 일반적인 기술과 구별하기 위해 미적 기술fine art이라는 표현으로 쓰이게 되었다. 그 후 기술 일반의 고찰에 기초하여 효용적 기술, 기계적 기술, 직감적 기술로 분류되었다. 단순한 감각 표상의 즐거움만을 목적으로 삼는 것을 '쾌적한 기술'이라고 하고, 표상의 즐거움을 목적으로 삼는 것을 '미적 기술'이라고 했다. '쾌적한 기술'이 예술에 해당하는데, 이것은 이론적 학문과 결과만을 위한 공업적 기술과 구별되는 '자유로운 기교'라는 특색이 있다. 이러한 자유로운 활동의 방편인 디자인 활동 역시 자유로운 미적 추구라는 예술적 의지를 지니고 있어 예술에 속하는 것으로 간주된다.

또한 예술은 독창적이고 진지하며 정신적인 측면, 상징적이고 실험적이며 깊이가 있는 측면, 혁명적이고 초월적이며 진실을 추구하는 측면 등으로 단순화시킬 수 있다.

2
디자인과 과학

디자인의 목표는 인간 생활의 질적 향상에 있고 디자인을 하는 이유도 인간의 요구와 필요를 충족시켜야 한다는 점을 앞의 디자인 담론에서 서술하였다.

헨리 페트로스키의 저서 《디자인이 세상을 바꾼다》에서는 이제 디자인이 세상을 바꾸는 시대invention by design이므로 일상의 작은 물건도 과학적 배경과 더불어 문화적 변천 과정이 있다고 서술하고 있다.

특히 디자인의 발전은 산업과 과학기술의 발달과 불가분의 관계에 있으며 인간의 원활하고 효과적인 의사소통을 위한 시각적 커뮤니케이션의 역할을 한다는 점에서 매우 중요하다.

과학science은 라틴어의 'scientia'에 어원을 두고 있다. 이것은 '지식', '안다'라는 의미로 지식과 학문으로 설명될 수 있다. 학문적으로 이해되는 과학은 오래전부터 인간 사고의 범주이다. 이해되지 않는 것을 위해 나타난 이론들이 오늘날 과학의 범주를 형성하고 구축하게 되었다. 고대 과학의 시작은 모두 추론에서 발생했다. 과거의 과학이론은 철학자나 미술가들에 의해 시작된 것을 알 수 있다. 일반인보다는 다양하고 깊은 관찰력이 있어 과학적 사고가 가능할 수 있었다. 고대 사회로 갈수록 철학과 과학은 크게 구별되지 않았다. 철학 또한 모든 지식과 진리를 탐구하는 것으로 의미가 같았다. 이후 철학은 초경험적인 형이상학이 되고 이성에 의해서 설명되었다. 19세기 이후 자연과학인 물리학의 발달에 의해 여러 가지 현상이 경험을 통해서만 설명되고 판단되면서 철학과 과학의 구분이 나타나게 된다.

학문적 대상으로의 과학은 인간의 지성과 경험을 통해서만 드러나는 것으로 자연을 대상으로 한 경험은 '자연과학'으로, 인간을 대상으로 한 경험은 '인간과학'이라고 크게 분류한다. 자연과학 안에서 생명에 관계되는 자연현상을 생물과학life science, 생명과 관계없는 자연현상을 물리과학physical science으로 나누어 생각한다. 인간과학에서는 개개인의 행동과 집단적인 행동의 인간현상을 구분하며 인문·사회과학으로 분류한다. 이렇듯 과학은 인간과 자연 안에서 다양한 방면으로 드러나며 인간의 삶에 도움을 주고자 하는 밀접하고 세밀한 관계를 유지하고 있다.

과학은 보편적인 진리를 발견하고자 하는 과정을 배우고 익히는 학문이다. 단순한 기계화의 의미와는 또 다른 것으로, 인간의 사고와 고찰을 통해 이루어내는 진리 탐구의 특성이 있다. 과학은 어떠한 상황에서도 진정성과 진리를 확증할 때까지 검사하고 실험하며 결과를 통해 진리성을 알아낸다. 그리고 결과가 진정성을 확인해주어야만 그것을 보편적인 진리로 받아들이는 것이다. 여러 세기를 걸쳐 확증되는 과학이론들이 그러하다.

반면 진정한 예술은 다른 어떤 것도 대신할 수 없는 불가결한 역할을 수행하며 과정과 결과의 사실성이나 진정성의 확인이 아닌 그 무엇을 담고 인간의 진리를 그려내며 모든 것을 흡수하고 있다. 그러므로 과학적 진리는 그 어떠한 것도 예술적 의지로 나온 총체적인 특성을 지나치지 못한다. 이 의미는 예술적 표현을 담고 있는 디자인 안에는 기술적 표현과 함께 또 하나의 특성인 감성적 표현이 반드시 공존해야 한다는 뜻이다. 그러나 진리를 추구하며 창조적인 힘을 가진 과학은 직관적 판단을 의존하지 않고 과학적 단계를 통해 더 구조적이

현 시대의 과학기술을 담은 건축물

고 실체적인 관찰과 분석을 하여 다양한 기능을 추구하며 인간 생활을 돕는 괄목할 만한 결과를 이루게 한다. 이러한 과학적 과정들은 인간을 위한 디자인과 그 존재 의미가 같다.

현대의 디자인 안에는 과학기술들이 다채롭게 숨을 쉬고 있다. 과학science, 科學과 기술은 아주 가까운 관계를 형성하며 더불어 발전했다.

무언가를 만들거나 일을 하는 데 필요한 방법에 대한 체계적 연구를 기술이라고 한다. 기술의 배경을 살펴보면, 최초의 도구가 신석기시대에 등장했으며 이후 쟁기, 맷돌 등이 나타났다. 고대 이집트에서는 물의 이용을 위한 관개술이, 그리스·로마 시대에는 철을 다루는 제련술이 두드러진 기술이었다. 18세기 초에는 증기기관이 제작되었고, 또한 토머스 에디슨에 의해 전기 기술 분야가 개척되었다. 19세기에는 X선이 사용되면서 정교한 수술이 가능해졌고 그레이엄 벨이 전화기를 발명했다. 과학 분야의 핵물리학을 이용한 기술을 통해 제2차 세계대전 이후 핵무기가 발전했다.

이후 20세기의 기술은 컴퓨터의 발전으로 인해 더욱 속도가 빠르게 진행되었다. 이와 같이 기술적 배경에는 과학적 진리를 항상 담고 있다. 자연 현상을 이용하기 위한 과학적 연구는 기술력이 동원되며 기술과 과학은 불과분의 관계로 성장하게 된다. 기능적 효율성을 위해 인간의 손재주를 대신하며 인간의 창조력에 힘을 더욱 실어줄 수 있는 도구적인 수단으로 이용되는 기술은 과학적 이론을 기조로 삼아 오늘날에도 모든 분야의 제품을 만들어낸다. 이러한 현상은 디자인과 과학의 조화로운 균형감각을 요구하게 된다. 디자인과 과학기술의 건전한 균형은 창조를 위한 조건일 뿐만 아니라 생존을 위한 조건으로 목적과 수단이 분리되지 않고 심미성과 기술성이 분열되지 않은 상태를 의미한다. 과학의 발전을 통해 나타난 기술력은 인간의 정서와는 다르게 나타나게 된다. 인간을 위한 디자인은 과학기술을 실용적으로 구체화하여 인간적 가치를 높이기 위한 인공물을 창조하는 조형예술이므로 디자인과 과학기술은 그 맥락이 같이 이어져 있어야 한다. 새로운 기술, 소재, 가공기술의 개발 등을 통해 디자인 분야는 많이 발전하고 있으며 또한 디자인 영역이 확대되었다.

디자인과 과학의 적절한 조화를 통해 바람직한 결과를 이루어내는 것은 현시점의 디자인 활동에서는 매우 중요한 관점이다. 디자인의 가치 창출 측면에서 과학기술은 이제 필수 불가결한 것으로 간주된다. 디자인 표현에서 과학적 방법이 필요하기 때문이다. 현대의 과학은 인간의 가치 있는 삶을 추구하는 특성을 가지고 있어 디자인의 특성과 잘 맞물려 있다. 따라서 인간의 가치를 창출해내는 디자인을 위한 과학기술에 관한 이해력과 사고력을 갖추고 여기에 창의적인 조형을 창출하는 과학과 창의성을 겸비하는 디자인을 표현해내는 것이 중요한 과제이다.

뷰티 디자인 유형

인간의 삶과 미적 요구와 관계가 밀접한 뷰티 디자인은 개인적인 성향과 감성 이미지를 인체에 직접 조형적으로 형상화시키는 창의적인 표현활동이다. 즉 뷰티 디자인은 의도하는 목적을 인체에 직접 실체화, 구체화, 시각화하여 이미지를 표현하고 새로운 조형미를 창조하는 작업이다. 인간의 미적 표현의 욕구를 충족시키고자 디자인의 많은 요소가 복합적으로 작용하여 아름다움을 표현하는 것이다. 뷰티 디자인은 인체에 디자인의 요소와 원리들을 조화롭게 적용하고 표현하여 인간의 감성적 요구와 정신적 가치를 추구하는 것이다. 뷰티 디자인의 유형은 크게 메이크업 디자인, 헤어 디자인, 네일 디자인으로 세분화된다.

1
메이크업 디자인

과거의 메이크업은 자신이 지닌 장점을 살리고 단점은 보완하여 개성을 최대한 돋보이게 하는 아름다움의 표현방법이었다. 오늘날 메이크업 디자인makeup design은 단지 얼굴을 중심으로 한 화장의 개념을 넘어 자신의 정체성을 표현한다. 또는 역할이나 목적에 맞게 얼굴과 전체적인 이미지의 변화를 가능하게 하는 수단으로 확대되어 사용되고 있다. 현대의 메이크업은 주제에 따른 다양한 시각과 표현을 통해 새롭고 창의적인 아름다움을 창조하는 것이다.

뷰티 메이크업

뷰티 메이크업beauty makeup은 생활에서 나타나는 자신의 이미지를 더

욱 아름답게 표현하기 위한 일반적인 메이크업이다. 신체 중 주로 얼굴의 이목구비를 위주로 진행되며 색채와 형태의 수정과 보완을 통해 외모를 더욱 돋보이게 하여 아름답게 꾸미는 것을 말한다. 뷰티 메이크업은 시대적 흐름과 감각, 유행에 맞게 그 대상을 표현할 줄 알아야 하며 때와 장소에 맞는 이미지를 연출하는 것이 매우 중요하다.

또한 계절에 따라 색상과 질감을 다르게 표현하는 것도 필요하다. 뷰티 메이크업에는 테마나 주제 등에 적합하게 진행하는 이미지 메이크업내추럴, 로맨틱 등, 타임 메이크업데이 메이크업, 나이트 메이크업, 계절 메이크업, 파티 메이크업, 웨딩 메이크업, 한복 메이크업 등의 다양한 표현·연출 방법이 있다.

뷰티 메이크업

아트 메이크업

일반적인 뷰티 메이크업과 달리 얼굴뿐만 아니라 인체에 그리거나 장식하여 독창적인 이미지를 시각적으로 표현하는 메이크업이다. 아트 메이크업art makeup은 전통적이고 일반적인 메이크업의 한계를 넘어 기존의 고정된 틀에서 벗어나 미적이고 예술적인 개성을 추구하며 새롭고 참신한 감각을 표현하는데 중점을 두고 있다. 아트 메이크업은 페이스페인팅, 판타지 메이크업, 보디페인팅 유형으로 구분한다.

페 이 스 페 인 팅

다양한 표현 재료를 이용하여 주로 얼굴에만 제한적으로 그리는 그림을 페이스페인팅face painting이라고 한다. 표현기법은 장식적인 작은 형태로 하거나 얼굴 전체에 그리는 형태로 나눌 수 있다. 상황에 따라

페이스페인팅

종교적 의식을 위한 표현이나 위장, 분장 등으로 활용되기도 하고 축제나 이벤트, 또는 개인적이고 자유로운 미학적 표현 등 페이스페인팅의 활용은 다양하다.

판 타 지　메 이 크 업

얼굴을 주요 배경으로 하는 페이스페인팅과 달리 판타지 메이크업 fantasy makeup의 표현영역은 얼굴과 함께 상반신까지 넓다. 메이크업과 함께 의상, 헤어, 장식까지 표현하며, 창의적인 감성과 풍부한 상상력이 요구되는 분야로 표현하기 어려운 내면적이고 추상적인 느낌을 작품에 투영시킬 수 있는 특성이 있다. 판타지 메이크업은 다양한 재료와 색을 이용하여 환상적이고 신비하게, 강하고 과장된 느낌, 화려한 느낌으로 표현하는 상상의 세계를 추구하는 경향이 있다.

판타지 메이크업

보 디 페 인 팅

판타지 메이크업에 비해 인체, 즉 사람의 몸 전체를 표현 범위로 하여 페이스페인팅과 판타지 메이크업보다 훨씬 넓게 사용한다. 보디페인팅body painting은 신체를 캔버스 개념으로 보고 그 위에 채색하는 기법이다. 전신 위주로 작업하는 것으로 신체의 골격 및 구조의 이해와 함께 작품의 표현력이 요구된다. 표현에서 '회화적 완성도'를 중시하는 것으로 인간의 미적 욕구와 다양한 문양, 추상적 화법, 사실적 묘사 등 독창적이고 창의적인 작품세계로 극대화시킬 수 있는 종합 예술이다. 보디페인팅은 디자인의 요소와 원리를 이용하여 인체를 하나의 조형물로 표현하는 창의적 활동이며 조형예술의 한 장르로 자리 잡고 있다.

보디페인팅

특수 메이크업

특별한 목적과 효과를 이루기 위해 하는 메이크업으로 표현의 폭이 넓고 전문적이다. 주로 영상예술과 무대공연예술과 깊은 관련이 있으며 각각 공연의 콘셉트나 목적과 조화를 이룰 수 있어야 한다.

특수 메이크업specific makeup은 연극이나 영화에서 특수한 상황이나 캐릭터를 연출하기 위해 하는 메이크업이다. 등장하는 인물의 극 중 역할에 맞게 수염, 상처, 흉터, 골격까지 모든 요소들을 조절하여 이루어지는 입체감과 함께 선명하고 확실한 변화를 줄 수 있으며, 주어진 역할의 성격까지도 파악해서 표현하는 것도 중요하다.

그중 무대 메이크업은 연극, 오페라, 뮤지컬, 무용, 패션쇼 등의 무대 공연예술에서 특수한 상황에 요구되는 것이다. 무대의 크기, 관객과의 거리, 무대조명의 조건 등 공연의 규모와 콘셉트에 맞게 이루어져야 하는 목적이 있다. 관객을 중심으로, 무대를 배경으로, 또한 조명이 강하게 드러나는 현장에서 얼굴 형태의 과장성과 이목구비를 강조하는 것이 공통적인 특징이다.

특수 메이크업은 이와 같이 영상과 무대공연의 내용과 상황에 맞추어 얼굴에서부터 전신까지 그 캐릭터의 특징적 형태를 효과적으로 표현해야 하는 인위적이고 과장적인 특성이 있다.

특수 메이크업

2
헤어 디자인

두발의 형태를 생각하고 계획하여 새로운 헤어 이미지를 표현하고 아름답고 개성 있게 보이도록 만드는 것이 목적이다. 모발이라는 소재를 이용하여 수행되는 행위로 인간의 두상과 얼굴형을 파악하여 예술적으로 표현할 수 있는 조형적 활동이다. 헤어 디자인hair design은 인간의 미적 가치관에 따라 창조되는 외적 조형물이다. 인체를 장식하는 하나의 방법으로 간주할 수 있으며 의복과 함께 지위, 성별, 신분, 성격 등을 드러내는 사회적인 상징요소로도 역할을 하고 있다.

현대사회의 다양한 변화는 헤어 디자인에도 영향을 주어 형태와 스타일이 다양하게 발전하고 있으며 자유롭고 주관적인 개성 표현이 드러나는 하나의 예술적 활동으로 변화되고 있다.

헤어 디자인은 커트cut, 컬러링coloring, 퍼머넌트 웨이브permanent wave, 블로우 드라이brow dry, 업스타일up style과 다양한 형태의 헤어 아트hair art로 구분할 수 있다.

헤어 커트

헤어 커트hair cut는 헤어의 최종 스타일을 완성하기 위한 기초적 기술로, 커트의 형태에 따라 조형적인 모습으로 만들어내는 것이다. 커트 후 퍼머넌트나 컬러링, 드라이와 같은 다른 과정을 통해 헤어스타일을 완성해낸다. 헤어 커트는 '헤어 셰이핑hair shaping'이라고도 하며, 이것은 '헤어 형태를 만들다'는 의미이다. 헤어 커트는 길이를 잘 맞추어 자르거나cutting, 숱을 감소시키거나thinning, 밀도, 볼륨, 방향 등의 요소를 통해 머릿결의 움직임, 가벼움, 질감 등을 표현하여 헤어스타일의 기초를 형성한다.

헤어 커트

헤어 컬러링

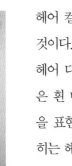

헤어 컬러링hair coloring은 헤어에 다양한 색을 주어 스타일을 완성하는 것이다. 형태와 함께 미적 욕구를 충족할 수 있는 감각적인 요소로, 헤어 디자인에서 가장 중요한 기초적인 조형 활동이다. 과거의 컬러링은 흰 머리카락을 감추기 위한 것이었으나 현대의 컬러링은 점점 개성을 표현하기 위한 것으로 변화되었다. 헤어 컬러링은 헤어에 색을 입히는 헤어 틴트hair tint와 색을 빼내는 헤어 블리치hair bleach로 나눈다.

헤어 컬러링

퍼머넌트 웨이브

퍼머넌트 웨이브permanent wave란 영구적인 웨이브라는 뜻으로 어느 정도의 시간 동안 지속되도록 헤어를 웨이브지게 하는 것이다. 고대 사회에서는 자연환경에서 얻을 수 있는 물리적인 재료를 이용하여 웨이브를 만들어내었다. 1870년에 마셜 웨이브가 나왔으나 지속성이 약했다. 이후 열과 기계를 이용한 웨이브 연출 작업이 지속되다가 1936년에 열을 가하지 않고 약품에 의해 웨이브를 만드는 콜드 웨이브 방식이 개발되어 현재까지 이용되고 있다. 퍼머넌트 웨이브는 커트와는 다른 머리형태를 만들 수 있는 방법으로, 볼륨감과 독특한 질감을 부가적으로 형성시키면서 색다른 헤어스타일을 연출할 수 있다.

퍼머넌트 웨이브

블로우 드라이

헤어드라이어를 이용하여 바람을 가하여 헤어스타일을 연출하는 것이다. 뜨거운 바람을 적절히 사용하며 원하는 형태를 만들어가는 기술로 일시적인 효과만 기대할 수 있다. 블로우 드라이blow dry는 헤어를 건조하고 일시적인 볼륨감을 나타내고자 할 때 커트나 퍼머넌트 웨이브 후 헤어를 정리하거나 보완하는 기능이 있다.

블로우 드라이

업스타일

업스타일up style은 머리를 모아 묶어 올리는 형태의 헤어스타일이다. 업스타일은 손기술과 헤어만을 이용하여 다양한 아름다움을 표현하는 것이 특징이며 숙련된 기술과 창의적인 조형감각이 요구된다. 업스타일은 헤어를 묶어 올리는 포인트의 위치에 따라 화려하면서도 생동감 있는 스타일에서부터 여성적이고 클래식한 우아한 아름다움까지 다양한 이미지를 연출할 수 있다. 업스타일은 크게 세팅 스타일setting style과 논 셋 업스타일non-set up style로 분류된다.

업스타일

헤어 아트

오늘날의 헤어 디자인은 단순한 형태나 기법에서 벗어나 다양한 형태와 스타일로 발전하고 있다. 헤어 아트hair art는 예술적 취향을 가미한 창의적이고 독특한 스타일이다. 각종 컬렉션과 화보 촬영, 뷰티 관련 대회 등에서 많이 표현된다. 헤어 아트는 다양한 오브제를 사용하여 독특한 질감을 나타내고, 색채를 감각적으로 활용하여 자유롭고 주관적인 인간의 미적 감성을 표현하는 예술 활동이다.

헤어 아트

3
네일 디자인

네일 디자인은 손톱화장을 의미하며 네일nail은 '못을 박다, 징을 박다'
의 사전적 의미와 '손톱finger nail, 발톱toe nail'을 지칭하는 말로 쓰인다.
매니큐어manicure는 라틴어의 마누스manus, 손와 큐라curat, 손질에서 파생
된 것으로 네일의 모양 정리, 큐티클 정리, 손 마사지, 컬러링 등을 포
함한 총괄적인 손의 관리를 뜻한다.

현대의 네일 디자인은 관리의 측면뿐만 아니라 디자인의 표현에서
어떠한 제한도 받지 않는다. 다양한 도구와 재료를 이용하여 인체의
일부분인 손톱, 발톱 위에 새로운 형태로 재구성하는 것이다.

네일 디자인nail design은 크게 네일 케어nail care, 인조 네일artificial nail,
네일 아트nail art로 분류할 수 있다.

네일 케어

네일 케어nail care는 손과 손톱, 발과 발톱을 정리하는 기술로 매니큐
어와 페디큐어로 나뉘며 손톱과 발톱의 모양 정리, 큐티클 제거 및 정
리, 마사지와 마지막으로 컬러링의 과정을 말한다. 위생과 관리를 위
주로 하는 작업을 의미한다.

인조 네일

인조 네일artificial nail에는 찢어지거나 약한 자연 네일을 보강하는 랩핑
과 짧은 손톱을 길게 인위적으로 길이를 늘려주는 익스텐션으로 나
눌 수 있다. 그 종류에는 팁, 실크, 아크릴, 젤 등이 있다.

네 일 랩

손톱을 포장한다는 의미로 네일 랩nail wraps을 오버레이overlays라고도 한다. 천실크, 리넨, 파이버 글라스이나 종이페이퍼 랩를 손톱 크기에 맞추어 붙이는 것으로 약하고 손상된 자연 네일 위에, 연장한 인조 네일을 부착할 때 도포하면 네일의 강도를 올려줄 수 있다.

네 일 익 스 텐 션

네일 익스텐션nail extension은 네일 팁 익스텐션, 실크 익스텐션, 아크릴 네일 익스텐션, 젤 네일 익스텐션으로 구분할 수 있다.

팁tip은 플라스틱이나 나일론, 아세테이트 등으로 만든 인조 네일로 네일의 길이를 연장하기 위한 재료이다. 팁을 이용하여 네일 길이를 연장하는 기법을 팁 셋 테크닉tip set technic이라고 한다. 네일 팁 익스텐션nail tip extension은 시술하는 방법에 따라 구분하는데, 필러 파우더만을 이용하여 손톱 길이를 연장하는 파우더 팁power tip과 파우더 팁을 실시한 후 실크로 랩핑하는 팁 위드 실크tip with silk, 팁을 붙이고 자연 네일과 팁을 아크릴로 보강하는 팁 위드 아크릴tip with acrylic과 팁을 붙이고 젤을 덧바르는 팁 위드 젤tip with gel이 있다.

실크는 네일 랩 작업 시 가장 많이 사용하는 재료 중 하나이다. 이 실크를 이용해 손톱을 보수하는 동시에 길이를 연장하는 것을 실크 익스텐션silk extension이라고 한다. 실크 익스텐션은 필러 파우더와 글루 드라이어를 사용할 때 투명하고 두꺼워지지 않도록 주의해야 한다.

아크릴 네일 익스텐션acrylic nail extension 기법은 아크릴 스컬프처acrylic sculpture라고도 한다. 스컬프처sculpture는 '조각, 조각하다, 깎아서 만든다'는 뜻으로 연장하여 조각을 하는 것처럼 만드는 기술에서 유래되었다. 아크릴 네일 익스텐션에는 핑크와 화이트 파우더를 이용한 프렌치 스컬프처french sculpture가 있다. 이 기법은 단단한 인조 네일로 길이를 연장하면서 강도를 높일 수 있어 내구성이 강하고 투명한 손톱을 만들 수 있다. 인조 네일 중 가장 강도가 높은 장점이 있지만 냄새가 강하므로 시술 시에는 주의하여야 한다.

젤 네일 익스텐션gel nail extension은 아크릴 스컬프처와 같은 기법으로 아크릴 대신 젤을 사용하는 것을 말한다. 젤 스컬프처 네일gel nail sculpture이라고도 하며, 아크릴보다 지속성이 떨어지고 강도나 내구성도 부족하다. 반면 젤 네일은 광택이 좋고 고도의 투명도가 있으며 아크릴 스컬프처와는 달리 냄새가 나지 않는 장점이 있다.

네일 아트

네일 아트nail art는 손톱 위에 디자인 요소와 원리를 적용하여 아름답고 개성적으로 표현하는 작업으로 평면적인 표현에서부터 장식적이고 입체적인 표현 등 기법이 다양하다.

평면 네일 아트

컬러 폴리시나 아크릴 물감, 젤 등을 이용해 평면적으로 그려서 표현하는 작업이다. 평면 네일 아트flat nail art는 일상생활 속에서 의상, 메이크업, 헤어와 함께 잘 어우러져 실용적으로 사용된다.

컬러 폴리시　주로 색채 위주로 표현되는 작업인 컬러 폴리시color polish에는 프렌치 네일french nail, 그러데이션gradation, 마블marble 등이 있다.

프렌치 네일은 프리에지 부분을 화이트 폴리시로 컬러링하는 것으로 프리에지 부분에만 색상이나 라인을 그어 표현하는 아트 기법이다. 프렌치 네일french nail의 종류에는 가장 기본적인 둥근 스타일 외에 스트레이트 스타일, 브이 스타일, 사선 스타일 등이 있다.

역프렌치는 프리에지 부분을 남기고 나머지에 색상을 입히는 방법으로 이용되고 있다.

그러데이션은 네일 전체 표면에 색상을 표현하는 방법으로 색의 강하고 약한 순서로 그리거나 밝고 어두운 부분을 점차로 퍼지게 그리는 것이다. 미술에서는 그러데이션gradation을 농담濃淡법이라고도 한다. 단색을 표현할 때 단조롭지 않고 입체적 표현을 위한 바탕색을 표현하는 데 사용된다. 에어브러시 작업에서 특히 자연스럽고 섬세한 그

그러데이션

러데이션 느낌을 이 기법을 표현하기에는 용이하다.

마블marble은 네일 위에 여러 가지 색상의 폴리시나 마블 전용 컬러를 사용하여 여러 가지 문양을 만드는 기법이다. 두꺼워지지 않도록 유의해서 작업하며 물을 이용하는 워터마블과 네일 위에서 바로 작업하는 유성마블이 있다.

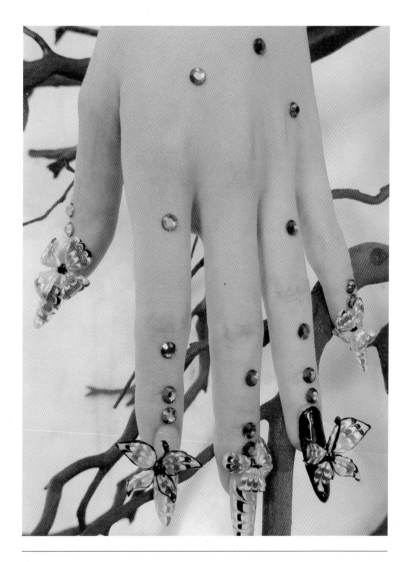

마블

핸드페인팅 직접 손으로 그리는 기법을 핸드페인팅hand painting이라고 한다. 네일 아트에서는 손톱 위에 붓으로 그림을 그려 넣는 것으로 아크릴 물감을 주로 사용하며 그리고자 하는 모든 것을 자유롭게 그려 표현할 수 있다. 만화, 회화, 일러스트, 그래피티 등 다양한 표현이 가능하다. 포크 아트fork art가 대표적 기법이다.

　포크 아트는 전통, 민족, 대중예술을 의미하는 말로 서민 생활에 기반을 두고 있다. 16~17세기 유럽에서 귀족이나 상류층에 의해 주로 목조가구나 주방용품에 그림을 그려 넣은 것이 기원이다. 붓의 기법이나 기술만 익히면 누구나 쉽게 따라할 수 있어 응용이 쉽다. 건조가 빠르고 내구성이 좋은 포크 아트용 아크릴 물감이 개발되어 획기적인 역할을 하고 있다.

에어브러시 기구를 이용하여 물감을 분사하여 자연스럽고 부드럽게 색상을 입히거나 스텐실을 이용하여 디자인을 정교하고 빠르게 표현하는 기법이다. 에어브러시air brush에는 압축공기와 페인트가 혼합되어 있는데, 압축공기는 페인트를 작은 입자로 분사시키는 기능을 한다. 공기를 압축하는 에어 컴프레서와 스프레이 건으로 구성된 기기를 이용하는데, 공기가 뿜어져 나오면서 물감이 같이 나온다. 당김쇠를 적절히 조절하여 물감의 양에 강약을 줄 수 있으며 거리에 따라 강도가 조절되므로 주의해야 한다.

　에어브러시는 핸드페인팅처럼 일반 붓으로 칠하는 것과는 또 다른 가볍고 세련된 분위기를 표현할 수 있다. 에어브러시는 작업 시간이 짧고 빠르며, 색채 표현에서 그러데이션을 자연스럽게 연출하는 데 매우 효과적이다. 또한 두께감이 잘 느껴지지 않으면서 원근감 표현이 용이하며, 스텐실 작업 시에는 같은 디자인을 반복해서 사용할 수 있다.

왼쪽 : 핸드페인팅
오른쪽 : 에어브러시

입 체 아 트

단순한 컬러링의 기법과 재료에서 벗어나 다양한 색채와 문양을 표현
하고 다양한 오브제를 이용하여 네일 표면에 부조적인 질감을 주거나
조형적 입체감을 주어 표현하는 작업이다. 입체 아트sculpture nail art는
특히 쇼나 대회, 전시 등을 위한 창의적인 표현으로 예술적 감성이 강
하게 드러나는 독특한 특성이 있다.

2D　　네일 표면 위에 볼록 돌아 올라오는 듯한 질감을 주는 2Dtwo-
dimension 기법은 부조적인 입체감을 표현한다. 디자인 스컬프처, 스톤
아트, 스트라이핑 테이프, 워터데칼 등의 기법이 있다.

　디자인 스컬프처design sculpture는 아크릴 파우더를 이용하여 얇게 길
이를 연장한 후 그 위에 컬러 파우더를 이용하여 원하는 디자인을 표
현하는 기법이다. 디자인 스컬프처는 아크릴릭 파우더와 리퀴드를 혼
합하여 만들어지는 혼합재질과 젤을 이용하여 엠보싱기법으로 부조
적이고 반입체적인 질감의 디자인을 연출한다. 일반적인 스컬프처는
투명도가 매우 높아 맑은 유리알처럼 깊고 풍부한 아름다움을 느낄

왼쪽 : 디자인 스컬프처

오른쪽 : 스톤아트

3D 입체 아트

수 있게 한다.

네일 위에 붙이기 쉽게 한쪽이 납작한 형태이고 다양한 색과 모양의 인조보석을 스톤아트stone art라고 한다. 평면적인 표현과 함께 반입체적 장식을 가미하여 네일의 아름다움을 증가시키는 기법이다.

스트라이핑 테이프striping tape는 다양한 색상의 테이프를 이용하여 네일 위에 부조적인 질감을 형성하는 네일 아트 기법이다. 스티커 형태의 테이프로 뒷면에 붙이기 쉽게 만들었다. 이러한 테이프의 개성적인 활용을 통해 네일 폴리시 위에 다양한 장식을 가미할 수 있고 손쉽게 표현할 수 있다.

워터데칼water decals은 이미 완성되어 있는 다양한 그림 스티커를 물에 불려 네일 위에 붙여 표현하는 기법이다. 손쉬운 방법이며 단순하게 그대로 붙이기보다 새로운 구도를 잡아 조금씩 부분을 나누어 붙여서 색다른 분위기를 연출할 수 있는 감각을 키우는 것이 중요하다.

3D 아크릴릭 파우더와 리퀴드, 브러시 클리너, 젤 등의 재료를 이용하여 입체적이고 조형적으로 표현하는 작업이다. 와이어나 기타 다양한 재료를 이용하여 표현할 수 있어 쇼나 대회에서 많이 활용하고 있다. 3Dthree-dimension 기법에서는 사실적 표현이 많아 정교하고 섬세한 작업이 나타나면서 더욱더 조형적인 아름다움이 요구되고 있다. 3D 기법에는 댕글dangle 기법이 있다. 네일의 프리에지 부분에 구멍을 뚫어 장식을 달아주는 기법으로 댕글은 자연 네일보다 인조 네일에 시술하는 것이 적합하다. 다양한 장식으로 화려하고 독특한 분위기를 연출하는 데 적합한 기법이다.

CHAPTER 2

UNDERSTANDING

뷰티 디자인 이해하기

뷰티 디자인 요소

좋은 디자인은 우연에 의하여 되는 것이 아니라 계획 안에서 이루어진다. 뷰티 디자인 역시 다른 조형 디자인과 마찬가지로 디자인 요소를 가지고 표현할 때 디자인 원리를 적용하게 되면 추구하는 미를 얻을 수 있다. 뷰티 디자인은 유기적인 대상인 인체에 직접 작업하여 아름다움을 표현한다는 점이 다른 디자인 분야와 다르다. 사용자의 행위로 인하여 드러나는 결과물이 아닌 관조적이고 심미적인 현상이 중시되기 때문에 착오로 인한 수정이 어렵고 시각적 표현이 매우 큰 비중을 차지한다.

뷰티 디자인의 요소는 외면적인 특징을 설명하는 형태, 비언어적 커뮤니케이션 역할을 하는 색채, 시각적이고 촉각적인 질감 등을 들 수 있다.

1
형태

형태는 첫째, '사물의 생김새나 모양', 둘째, '어떤 구조나 전체를 이루고 구성체가 일정하게 갖추고 있는 모양', 마지막으로 '부분이 모여서 만들어진 전체가 아니라 완전한 구조와 전체성을 지닌 통합된 전체로서의 형상과 상태의 심리적 형태'의 세 가지로 정의할 수 있다. 사물의 외면과 내면의 체계적 질서로 구성된 하나의 단일적인 체제로 인식되는 것을 의미한다. 인간은 형태를 통해 사물을 구별하고 인지하면서 각각에게 특성과 의미를 부여하게 된다.

자연적 형태는 존재하는 사물, 인지할 수 있는 사물로 간주되며 인공적 형태는 만들어지는 사물, 즉 디자인된 형태를 말한다. 디자인된 형태는 물리적인 사물로 만들어지고 자연 소재를 이용한 1차적 형태와 인공 소재를 이용한 2차적 형태로 나누어 볼 수 있다. 그 과정에는 디자이너의 감성과 의도가 표현된다. 형태란 디자이너의 창의성을 통해 나타난 가치가 기능적 요소와 환경적 요소를 동시에 충족시켜서 우리의 감각과 이성을 통해 인지될 수 있는 총체적인 전달 매체인 것이다.

뷰티 디자인에서 형태는 디자이너의 감각을 구체적으로 표현할 수 있는 중요한 요소이며 디자이너가 추구하는 의도와 생각을 함축적으로 관찰자에게 전달하는 역할을 한다.

뷰티 디자인은 형태의 범주에서 나타나는 순수 형태인 점, 선, 면, 그리고 점, 선, 면의 기본 요소로 나타나는 형의 시각적 요소를 활용하여 다양하게 표현한다.

점

형태가 생성되는 과정에서 가장 단순한 요소로 위치만을 가질 뿐 크기나 면적을 가지지 않는 점dot, spot, 點은 눈의 목표를 세우는 표식, 조그만 존재나 미세한 것이지만 구체적으로 표현하기 위해서는 일정한 크기나 형으로 표시해야 한다. 점은 언어, 형태, 의미 등 수많은 상징성을 내포하고 모든 조형예술의 '최초의 요소'로 규정된다. 점은 공간

표 1 점을 이용한 구성

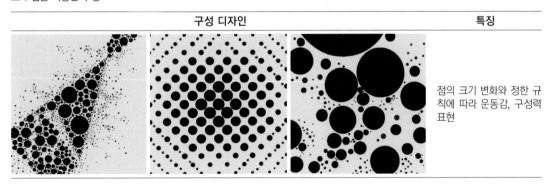

구성 디자인			특징
			점의 크기 변화와 정한 규칙에 따라 운동감, 구성력 표현

표 2 점을 활용한 뷰티 디자인 사례

메이크업	헤어	네일	특징

다양한 점의 형태를 이용하여 실험적이고 구성력있는 조형감을 표현

내의 조형 활동에서 시동始動, 교차交叉, 정지停止 등 여러 가지 표현을 나타내고 있으며 조형예술의 모든 요소 중에서도 가장 시조始祖적 권위를 지니고 있다. 기하학에서 점은 위치는 있고 크기가 없으며 나눌 수 없는 최소의 것이라고 정의하지만 디자인에서는 크기와 형태가 있어도 점으로서 기능한다면 점이라고 부른다. 점은 최고도의 간결함과 억제된 표현을 의미하며 일반적으로 둥근형이나 다각형, 부정형과 같은 여러 가지 형태를 갖는다.

빈 공간에 하나의 점이 있으면 정적인 안정감과 시각적인 주목성이 나타난다. 그러나 많은 수의 점은 크기, 수, 배열에 따라 형태감과 깊이감이 공존할 수 있어 운동감 있는 구성을 형성하고 다양한 조형적 효과를 표현할 수 있다. 뷰티 디자인에서 점의 형태는 비대칭적·실험적 형태로 많이 표현된다.

선

선line, 線은 최소한의 디자인 언어로서 최대의 효과를 볼 수 있다. 점의 연장으로 폭과 굵기가 다양하며 선은 여러 가지 형태로 만들어질 수 있는 매우 중요한 시각적 요소이다. 주로 직선과 곡선이 조합·교차·연결하고 다양하게 변형되어 디자인에 이용하고 있다. 직선이 수직선·수평선·사선·지그재그선이 있으며 속도감, 긴장감 등 남성적 요소가 강하다. 곡선은 원, 타원, 와선, 파상선, 스캘럽선 등이 있으며 유연하고 부드러운 감성의 여성적 요소가 강하다. 시각적 예술에서 내곽, 외곽을 구분하고 형을 연결시키고 공간을 형성하며 모양을 결정하는 선은 길이, 두께, 방향, 굴곡 등에 따라 성질이 각기 달라 느낌도 다양하다. 면이나 입체, 공간을 만들고 부피와 깊이를 줄 수 있으며, 명암의 강약, 감정과 느낌, 재료에 의한 다양한 질감 표현도 가능하다. 나아가 형태와 성격, 공간과 움직임, 윤곽, 형태와 질감에 의한 연상과 감정의 이미지를 표현할 수도 있다.

뷰티 디자인에서도 선은 아이디어 발상 표현의 시작이며 대상의 본질을 결정하는 요소로 중요한 역할을 한다. 특히 인체 위에서 표현되기 때문에 동적인 요소로서 그 활용성이 크다. 선만으로도 형상을 그리거나 묘사할 수 있기 때문에 종류와 강약에 따라 강조, 확대, 과장

표 3 선을 이용한 구성

구성 디자인			특징
			선의 변화와 방향에 의한 움직임, 운동감

표 4 직선을 이용한 뷰티 디자인 사례

요소	메이크업	헤어	네일	특징
수직선				단순한 선과 강한 색으로 느낌 표현
수평선				수평선의 안정적인 느낌과 함께 실험적인 이미지를 선의 굵기와 색감을 이용하여 표현
사선				사선의 이용으로 긴 장감과 유동적인 느낌을 다양한 색으로 드러냄
지그재그선				남성적이고 강한 느낌으로 표현

표 5 곡선을 이용한 뷰티 디자인 사례

요소	메이크업	헤어	네일	특징
원				원의 곡선을 이용하여 실험적이고 재미있는 형태 표현
타원			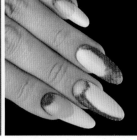	비대칭적이고 간결한 느낌의 타원 표현
파상선				물결치는 듯한 유연한 곡선 표현
와선				유기적인 곡선으로 자유롭고 부드러운 색다른 느낌 표현

(계속)

요소	메이크업	헤어	네일	특징
스 캘 럽 선				여성스럽고 장식적 인 선으로 부드러운 느낌 표현

등 다양한 이미지를 연출한다. 선은 역동적으로 표현하기도 하고 유연하게 표현하기도 하면서 복합적으로 자유롭게 활용할 수 있다.

면

면plane, 面은 선의 길이나 곡률에 절대적인 지배를 받으며, 최소한으로 축소되거나 최소 곡률의 선으로 이루어질 때는 점으로 환원되는 특성을 갖고 있다. 면은 조형의 기본 요소로서 면의 크기와 색채에 따라 돌출과 진퇴, 입체적인 느낌이 표현되며, 면이 주는 표면 효과는 면을 구성하는 선의 성격과 함께 평면과 곡면의 종류에 따라 달라진다. 면은

표 6 면을 이용한 구성

구성 디자인			특징
			외곽선의 변화에 따른 다 양한 면의 패턴

표 7 면을 이용한 뷰티 디자인 사례

메이크업	헤어	네일	특징
			평면적이면서 단순한 구성으로 패턴 형성함

구상적 형태를 지녔거나 기하학적으로 추상화된 형태나 모두 직접적인 구체성을 띄며 디자인의 본질적인 요소가 된다. 평면의 면은 깊이가 없고 넓이를 가지며 선에 의해 경계가 나누어진 평평한 표면을 말한다. 이러한 개념적인 면은 일정한 형태를 가지지 않는 사물의 외곽을 일컫는 것이다. 뷰티 디자인에서 면을 이용한 구성은 선과 함께 다양하게 표현된다. 이러한 면을 이용한 방법은 다양한 패턴의 형성뿐만 아니라 디자인의 전체적인 구도를 잡는데 매우 중요한 역할을 한다.

형

조형은 점, 선으로 시작한다. 형shape은 점과 선이 모인 면과 면으로 이루어진 특정한 모양에서 출발한다. 형은 기본적인 디자인 요소의 특성이 서로 융합된 형태로 유기적인 작용을 통해 만들어진다. 가장 단순한 형인 삼각형이나 사각형은 느낌이나 감정을 전달하지 않지만 형은 색, 질감, 길이, 폭 등의 조건이 있으며 다양한 양상으로 표현할 수 있다. 면은 물질적인 평면을 뜻하나 형은 원근감과 질감을 포함하고 색채 효과에 의한 공간감이나 입체감도 나타낼 수 있다. 형은 그 자체의 방향이 아닌 다른 방향으로 이동과 회전에 의해 입체를 만든다.

표 8 형을 이용한 뷰티 디자인 사례

메이크업	헤어	네일	특징
			2~3차원의 입체적 형태로 다양한 표현 가능

형은 주로 시각과 촉각에 의해 지각되기 때문에 색과 함께 대상의 감각적 경험을 형성하는 중요한 요소이다. 면적area, 모양shape, 덩어리mass, 윤곽form 등으로 언급되는데 2차원의 평면은 면적과 모양이며, 3차원의 입체는 덩어리, 또는 윤곽이라고 한다. 형으로 이루어진 윤곽, 내부 형태, 구조가 있는 것은 3차원적 용어이다. 입방체의 면은 면의 군집으로 이루어지며 입체라고 불리기도 한다. 뷰티 디자인에서는 인체에 표현된 메이크업, 보디페인팅 등 2차원의 형, 헤어 디자인과 네일 디자인, 오브제 등에 의해 표현된 3차원의 형 등 다양하게 표현되고 있다.

형태 표현

형태는 크게 구상과 추상이라는 형식으로 표현한다. 이러한 형태의 표현 방법은 매우 중요하다. 특징을 잘 파악하여 표현할 때 형태의 특성이 잘 드러날 수 있다.

구 상 적 형 태 표 현

자연을 그대로 묘사하려는 재현적인 구상적 형태 표현은 어떤 사물이나 예술작품들을 직접 경험하거나 지각할 수 있도록 일정한 모양과

표 9 구상적 형태 표현 사례

메이크업	헤어	네일	특징
			보이는 것을 사실적 묘사나 회화적 형식을 통해 표현하여 이미지 전달을 쉽게 함

성질을 갖추는 것을 말한다. 구상적 표현은 실제로 확인할 수 있는 대상의 고유한 형태나 성질을 사실적으로 묘사하는 것이다. 회화의 전형적인 형식을 통해 형상화하여 표현하는 것으로 보는 이가 대상이나 주제를 쉽게 이해할 수 있어 이미지 전달이 가장 용이하다. 눈으로 볼 수 있는 자연물동물, 식물, 자연현상 등이나 인공물 등 우리 눈으로 확인할 수 있는 모든 실물을 소재로 하여 표현할 수 있다.

비 구 상 적 형 태 표 현

실물 그대로를 구체적으로 표현하는 구상적 표현과 달리 비구상적 형태는 대상의 사실적 형상들이 왜곡·변형 등을 통해 표현되는 비사실

표 10 비구상적 형태 표현 사례

메이크업	헤어	네일	특징
			대상의 사실적 형상을 간략하게 특징적으로 표현하여 이미지를 단순화함

표 11 추상적 형태 표현 사례

메이크업	헤어	네일	특징
			형식 없이 예측할 수 없는 시험적인 것이나 매우 주관적 형식으로 만들어 내는 창조적 성향이 있음

적 구상 형식으로 나타나고 있다. 비구상적 형태는 사물을 직접 취재하거나 기억을 더듬어서 간략하게 표현하며, 기존의 형태에서 새로운 형태로 이미지를 단순화시킨다. 사물을 사실적으로 표현하는 사실적인 구상 표현과는 다르게 이것은 간략한 묘사로 사물의 특징적인 형태를 단순화시켜 사물이 가진 이미지를 표현해낸다.

추 상 적 형 태 표 현

자연에서 볼 수 없는 모습을 만들려고 하는 추상적 표현은 기존 사물을 통해 유추된 것이다. 상당한 변형 뒤에 구체적인 모양 없이 자유롭게 느낌대로 표현한다. 어떠한 형식 없이 전혀 예상치 않은 결과를 만드는 시험적인 것이거나 매우 주관적인 형식으로 새롭게 만들어 내는 창조적 성향이 특징이다.

추상적 표현은 눈에 보이지 않는 것이나 작가가 상상하는 무언가를 이미지로 표현하며 작가의 감성을 시각화한다. 특히 사실적 묘사가 아니기 때문에 일정한 사물의 형태를 갖추고 있지 않으며 무제한적으로 표현하여 초현실적이고 환상적인 느낌을 준다. 정형화된 틀에서 벗어나 어떠한 형식 없이 예측할 수 없는 형태를 표현하는 비현실적인 이미지로 액션페인팅기법*을 보인다. 상징적인 면이 강조되어 과장적이

표 12 기하학적 형태 표현 사례

메이크업	헤어	네일	특징
			단순화된 선, 형태의 변형과 색채의 다양한 배열을 이용하여 이미지를 표현함

거나, 주제를 자유롭게 자신의 느낌대로 재해석하여 표현하는 것이 특징이다.

기 하 학 적   형 태   표 현

기하학적 표현은 형태의 변형을 통해 작가의 의도를 이미지화하는 작업이다. 원, 단순한 선, 삼각형 등의 각종 도형, 색채의 규칙적인 배열이나 무늬를 사용한 양식이 특징적으로 나타난다. 기하하적 형태는 수적 법칙으로 만들어지는데 규칙적이며 단순하고 강한 질서가 느껴진다. 또는 직선이나 곡선의 교차에 의하여 이루어지는 추상적인 형태의 변화를 통해 나타나는 다양한 패턴을 말하고 구체적인 형태를 이루지 않고 그래픽적인 이미지를 표현한다.

기하학적 형태의 단순한 형식은 색채의 다양한 배색과 그러데이션기법 등으로 시각적인 독특함을 추구하는 예술적 행위를 동반하는 경향이 강하고, 비조화적이며 대담하고 공격적인 표현을 통해 강한 성향을 드러난다.

---

* 액션페인팅이란 무의식적인 자동묘법과 드리핑기법을 이용한 드립페인팅으로 화면의 중심부가 없이 고루 평등한 평면으로 처리되는 회화의 선, 색채, 명암의 강조를 통한 창조적인 작업이다.

2
색채

빛으로 인해 나타나는 색은 물리적 현상이다. 태양광선을 프리즘에 분광시키면 가시광선의 균형이 깨져 7가지 단색광으로 분해되는데, 파장을 달리하는 각각의 색으로 나타난다. 색의 요소를 가진 빛이 분산되어 우리의 눈에 이르러 망막에 비쳤을 때 이에 부수되는 신경작용의 감각에 의하여 비로소 색을 감지할 수 있는 것이다. 그러나 인간이 색을 감지하고 인지하는 것은 빛이라는 조건에 의해서만 나타나는 현상은 아니다. 색에 대한 감각은 빛에 대한 지각적 현상이다. 빛이 물체와 더불어 있으므로 우리는 색채뿐만 아니라 질감, 거리감 그 외에도 심리적인 느낌이나 평가도 알 수 있게 된다. 특히 색은 물리적 현상인 빛이 감각기관인 눈을 통하여 지각된 현상이므로 심리적 경험 효과로 성립되는 시감각의 일종이다.

색의 삼속성

색을 지각하고 다른 색과 구분할 수 있는 속성으로 색상, 명도, 채도의 세 가지 요소로 되어 있으며 색의 삼속성, 색의 삼요소라고 한다. 색은 크게 무채색과 유채색으로 분류할 수 있다.

무채색은 물체로부터 여러 가지 파장의 빛이 고르게 반사될 때 지각되는 색으로 반사율이 높으면 흰색으로, 낮으면 어두운 회색이나 검은색으로 보인다. 무채색을 기준으로 하는 것은 명도로서 흰색과 여러 층의 회색 및 검은색이 속하는 색감이 없는 계열의 색으로 밝고 어두운 정도의 차이로 나타나며 색상, 채도의 속성이 없는 색이다.

유채색은 무채색을 제외한 색감을 갖고 있는 모든 색을 말하며 채도의 속성을 가지고 있다. 혼합하여 만들 수 없는 고채도의 순수한

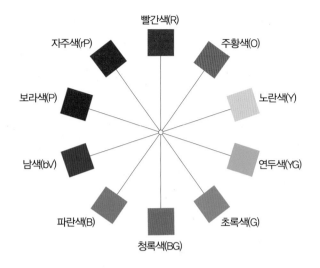

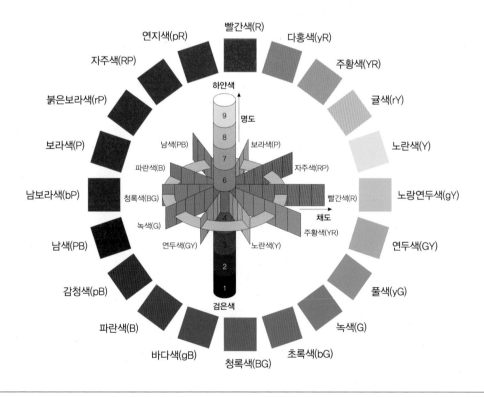

위 : KS 색상환

아래 : 먼셀 20색상환

색을 순색, 순색에 검은색이나 흰색을 섞으면 청색, 순색에 회색을 섞으면 탁색이라고 한다.

색 상

명도, 채도에 관계없이 색을 구별하는데 필요한 색의 이름으로 색 기미의 차이를 가리키는 속성이다. 색상hue을 순환적으로 배열 시 색상환이 된다. 색상환의 조건은 다음과 같다. 최소한의 우선 색인 기본색을 선정한다. 일관성이 있는 색상명을 결정한다. 원 주위에 배열하며 기본 색 사이의 거리가 일정하게 배열한다. 2차색의 명칭 결정 및 시각적인 차이의 간격도 일정해야 한다. 반대로 놓일 색은 각 색들의 보색이 되도록 한다.

　빨간색red, 노란색yellow, 녹색green, 파란색blue, 보라색purple의 5가지 기본 색을 기준으로 각각의 중간색을 만들어 10색을 만든다. 이를 각각의 범위별로 1에서 10으로 분할하여 100색상을 만들어 숫자기호로 색상을 표시한다. 우리나라 표준색상환은 먼셀 20색상환으로 지정되었다.

명 도

명도value는 색의 밝고 어두운 정도를 나타내는 정도로 빛의 양이 많고 적음에 따라 느껴지는 색과 색 사이의 밝기의 차이를 나타내는 것이다. 명도단계는 무채색인 흰색과 검은색, 그리고 그 사이의 회색단계로 표현한 것으로 가장 어두운 단계를 0으로, 가장 밝은 단계를 10

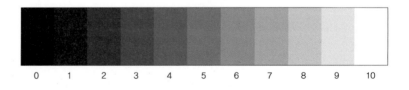

| 0 | 1 | 2 | 3 | 4 | 5 | 6 | 7 | 8 | 9 | 10 |

명도 단계

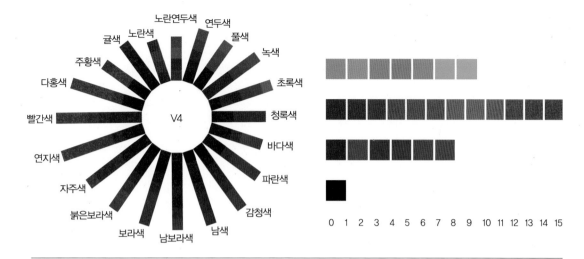

채도 단계

으로 하여 모두 11단계로 나누고 있다. 명도단계를 이용하여 유채색의 명도를 알고 싶을 때 시각적 비교법으로 그 단계를 측정할 수 있다.

채 도

채도chroma는 색을 느끼는 지각적인 면에서 색의 강약이고 맑기이며, 선명도이며 포화도이다. 색상이 있다고 인정하는 조건이며 색의 맑고 깨끗한 정도를 나타내는 정도인 '순도'와 색의 엷고 진한 정도를 구별 하는 척도인 '포화도'로 표시할 수 있다. 색상 중에서 가장 채도가 높 은 색이며 선명하고 강한 색은 순색이라고 하고 순색에 다른 색을 섞 을수록 색의 채도는 낮아지게 된다.

색조

색조色租, tone는 일반적으로 색의 강약과 농담 등으로 색의 모양을 말 하며 좁은 의미로는 명도와 채도를 합쳐 생각한 색의 성질이다. 이같

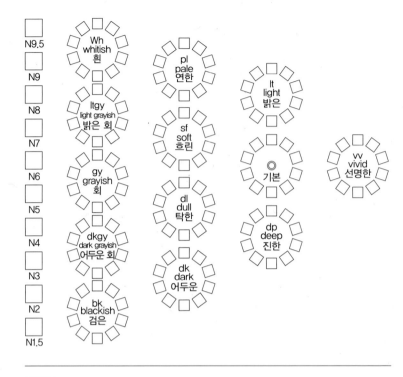

KS 13톤

이 명도와 채도의 복합 개념으로 색상과는 관계하지 않으며, 색의 밝고 어두운 정도, 진하고 흐린 정도 등의 차이가 있는 것을 말하는데 '톤'이라고도 한다. 색의 농담, 명암, 그리고 강약을 적용하여 각 색상의 명도와 채도를 그룹화하여 만든 것으로 색 이름을 색상과 관계없이 구분하여 사용하고 있다. 색조는 같은 색이라도 여러 가지 톤을 부여할 때 다른 이미지를 가지고 있으므로 배색이나 구성 시에 그 전달효과가 강하다.

KS 기본 색명을 이용한 13톤으로 12개의 유채색과 3개의 무채색 기본 색명을 규정하고 있다. 유채색의 기본 색명은 빨간색red, r, 주황색orange, o, 노란색yellow, y, 연두색yellow green, yg, 초록색green, g, 청록색blue green, bg, 파란색blue, b, 남색bluish violet, bv, 보라색purple, p, 자주색reddish

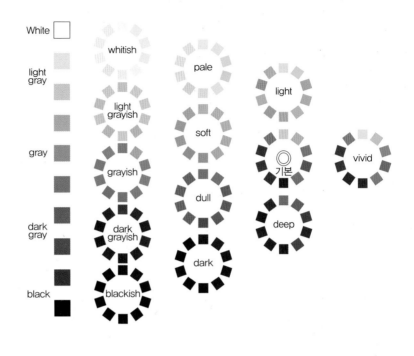

KS 기본 색명

purple, rp, 분홍색pink, pk, 갈색brown, br이고 무채색의 기본 색명은 하얀색 white, wh, 회색gray, gy, 검은색black, bk이다.

톤은 기본, 선명한vivid, vv, 밝은light, lt, 진한deep, dp, 연한pale, pl, 흐린soft, sf, 탁한dull, dl, 어두운dark, dk, 흰whitish, wh, 밝은 회light grayish, lg, 회grayish, gr, 어두운 회dark grayish, dg, 검은blackish, bk으로 분류하고 있다.

색조에 따라 프라이머리 톤, 비비드 톤, 라이트 톤, 페일 톤, 소프트 톤, 덜 톤, 딥 톤, 다크 톤, 화이트리시, 라이트 그레이시 톤, 그레이시 톤, 다크 그레이시, 블랙시으로 구분하기도 한다.

프라이머리 톤primary tone은 기본적인 색으로서 빨간색, 노란색, 주황 색, 초록색 등 흰색이나 검은색이 섞이지 않은 순색으로 강한 원색의 톤이다. 비비드톤과 유사하나 선명도가 강하고 스포티하고 캐주얼한 실용적인 이미지로 활용되는 색조이다.

비비드 톤vivid tone은 선명하고 강렬하며 생생하고 산뜻한 색이다. 동적이고 적극적이며 가독성, 주목성, 명시성을 높일 수 있는 색이다. 원색적인 이미지로 자유분방하며 꾸밈없이 본능적이고 대담한 표현을 하기에 좋다. 캐주얼, 팝 스타일 표현에 적당하다.

라이트 톤light tone은 밝고 선명한 이미지, 맑고 깨끗한 이미지, 투명하고 엷은 이미지, 가볍고 부드러운 느낌, 맑고 깨끗하고 신선해 보이는 톤이다. 시원하고 상쾌한 이미지나 명랑한 이미지의 연출, 밝고 화려한 색들의 조합으로 다색 배색이 가능하며 포멀웨어에 이용하거나 유쾌한 이미지를 전달하기에 좋은 색이다.

페일 톤pale tone은 엷은 톤, 가장 부드럽고 가벼운 파스텔 톤으로 로맨틱 이미지, 귀엽고 여성스러운 이미지, 맑고 깨끗한 이미지 표현에 좋으며 아동, 여성적인 이미지 연출에 활용된다.

소프트 톤soft tone은 기본 톤에 밝은 회색을 혼합한 톤으로 라이트보다 명도와 채도가 낮으며 부드럽고 자연스러운 색이다. 지나치게 밝거나 어둡지 않은 중간 정도의 명도와 채도로 거부감이 느껴지지 않는 부드럽고 온화하며 은은한 이미지를 전달한다.

덜 톤dull tone은 비교적 회색이 가미되고 탁하며 둔한 색이다. 자연적, 차분함, 온화함, 수수함을 전달하는 점잖은 색으로 고상하고 고풍스러운 이미지를 전달한다.

딥 톤deep tone은 깊은 이미지, 원숙하고 중후한 이미지, 전통적이고 충실한 이미지로 생동감은 감소되지만 깊은 색감을 보이는 강렬하면서도 다이나믹한 톤이다. 고저스하고 클래식한 이미지를 전달한다.

다크 톤dark tone은 검은색이 섞여 있어 무겁고 어두워 경직되어 보이지만 탁하지 않은 색조이다. 남성적이며 딱딱하고 강한 이미지로 전통과 권위를 느끼게 하는 클래식한 배색에 이용된다.

화이트리시whitish는 가장 밝은 색조로 고명도, 저채도의 색조이다.

하얀색이 주를 이루는 색조로 깨끗하고 연한 이미지가 있으며, 순수하고 맑은 이미지, 가볍고 깨끗한 이미지를 표현할 때 활용한다.

라이트 그레이시 톤light grayish tone은 조용하고 약해 보이는 색으로 수수하고 점잖은 이미지를 느낄 수 있으며 모던한 이미지, 도시적이고 세련된 이미지 표현에 효과적이다. 대비되는 색상의 배색이 적극적인 효과를 줄 수 있다.

그레이시 톤grayish tone은 우울하고 침울해 보이는 색으로 침착하고 차분한 분위기를 연출하기에 용이하며 도시적인 세련미를 대표하는 색으로 인공적인 멋이 강해서 모던한 느낌이 부각된다. 지적인 이미지를 느낄 수 있으며 정적인 디자인에 적합한 색이다.

다크 그레이시dark grayish는 숯과 비슷한 색이어서 소탄색消炭色, 차콜 그레이charcoal gray라고 한다. 색을 느끼기 어려운 저채도이며 무게감이 느껴지는 남성적인 이미지의 색조이다. 성숙하고 클래식한 분위기를 전달하며 도회적이고 세련된 느낌을 준다.

블랙시blackish는 거의 검은색에 가깝지만 검은색보다 깊은 느낌의 중후하고 엄숙한 신비로운 색조이다. 모던하고 중후한 이미지, 권위적이고 남성적인 이미지 등을 느낄 수 있는 색조이다.

색의 상징성과 이미지

색에는 많은 이야기가 있다. 디자인의 요소 중 가장 시각적인 것으로 언어나 문자의 힘보다 훨씬 강한 전달력을 가지고 있다. 인간의 감정을 전달하는 언어적 기능은 색을 통해 다양하면서도 아름다운 감성적인 이미지를 구사할 수 있는 역할을 하게 한다.

빨 간 색

빨간색red은 시각적 반응을 가장 먼저 느낄 수 있는 색상으로 정렬과 생명력을 상징하고, 흥분과 긴장감, 자극적인 효과를 주며 강렬한 이미지를 연출한다. 명도가 높아지고 색조가 약해지면 부드럽고 여성스러운 이미지를 전달한다. 안전 색채의 위험이나 경고, 방화, 금지, 소화기, 경보기 등에 사용된다. 뷰티 디자인에서도 빨강색은 정열적이고 강하면서 여성스러운 이미지를 표현할 때 활용하기 좋다.

빨간색 표현 사례

이미지　　정열, 축제, 사랑, 성욕, 따뜻함, 흥분
　　　　　　　긴장, 전쟁, 광기, 피, 죽음, 권력

메이크업	헤어	네일

주 황 색

2차색으로 빨간색과 노란색의 이미지를 보여주면서 주황색orange 고유의 이미지도 있으며, 빨간색보다는 약하나 따뜻하고 활기찬 느낌을 준다. 시각적으로 약동, 활력, 만족, 적극 등을 상징하며 에너지를 발산하는 활력소 느낌이 있다. 메이크업에서는 아이 메이크업과 립 메이크업에 주로 사용되며 네일 디자인에서는 고명도의 주황색으로 밝고 온화한 느낌을 표현한다.

주황색 표현 사례

이미지　　밝음, 활기, 강렬함, 친근함, 건강,
　　　　　　신선함, 에너지, 젊음

메이크업	헤어	네일

노 란 색

햇살 에너지를 나타내는 색, 명랑하고 힘찬 느낌, 행복을 상징하고 아동적인 색이며 봄의 대표적인 색이다. 주황색 계열의 노란색yellow은 황금색으로 부와 권력의 긍정적 느낌을, 연두색 계열의 노란색은 창백한 느낌을 주기도 한다. 경박함과 불신 등의 감정을 느끼게 하며 노란 장미는 질투를 상징한다. 주목성이 강한 색으로 눈이나 머리 위의 장식 등에 사용되며 네일 디자인에서도 명랑하고 화사한 느낌을 연출할 수 있다.

노란색 표현 사례

이미지   아동, 여린, 햇살, 소망, 새로움, 밝음, 가벼움 항쟁, 이별

메이크업	헤어	네일

초 록 색

자연의 색으로 생명력이 있는 느낌, 평온하고 신선하며 자연스러운 느낌을 준다. 긴장을 풀어주고 진정시키는 효과가 있으며 초록색green은 파란색과 노란색의 중간색으로 중성적 이미지를 준다. 안전과 구급, 구호의 의미를 갖고 있으며 어두운 초록색은 엄숙하고 엄격한 느낌이 강하다. 친근하고 편한 색으로 주로 아이 메이크업 위주로 진행되며 헤어나 네일 디자인에서도 신선하고 자연스러운 표현이 나타난다.

초록색 표현 사례

이미지 자연, 편안함, 안정, 신선함, 생명, 진화, 신뢰, 성장, 번영, 친근함

메이크업	헤어	네일

파 란 색

파란색blue은 자연의 큰 부분인 하늘과 바다의 색으로 차가운 느낌을
준다. 고요하고 차분하여 명상에 잠기는 색, 평온하고 상쾌하며 차분
한 느낌을 주는 색이다. 시원하고 세련되어 보이는 색상으로 차고 이
지적인 분위기 연출에 좋은 색이다. 밝은 파란색은 미래, 개방, 활기,
신뢰감을 느끼게 하며 어두운 남색은 무겁고 우울하고 침체된 느낌을
준다. 메이크업을 통해 상쾌하고 세련된 이미지를, 헤어컬러링으로 색
다른 분위기를 연출하고 있다.

파란색 표현 사례

이미지 깨끗함, 진보, 비즈니스, 편안함, 명예,
상쾌함, 차분함, 바다, 하늘, 보석, 꿈

메이크업	헤어	네일

보 라 색

보라색purple은 난색인 빨간색과 한색인 파란색을 섞은 색으로 양면성을 가진 신비롭고 절묘한 색으로 우아함, 화려함, 풍부함 등을 느끼게 한다. 동서양을 막론하고 귀족을 상징하는 색으로 사용되었고 품위와 고상함, 외로움과 슬픔을 느끼게 한다. 푸른 계열의 보라색은 어둡고 깊은 이미지, 위엄과 부, 장엄함 등을 나타내며, 붉은 계열의 보라색은 여성적이고 화려하다. 헤어나 메이크업 디자인에서는 색상 하나의 변화만으로도 강렬하면서도 화려한 분위기를 연출하고 있다.

보라색 표현 사례

이미지 신비스러움, 귀함, 고급, 예민함, 감수성,
예술적 감각, 변화, 불안, 우울함

메이크업	헤어	네일

갈색

갈색brown은 보색의 혼합 시 생기는 중성색이다. 흙, 낙엽, 목재, 돌 등의 자연적인 재료에서 보이는 색으로 편안한 느낌을 갖게 한다. 엷은 색조는 부드럽고 밝은 느낌을 주며 어두운 색조는 따뜻하고 편한 느낌을 준다. 마치 스킨 색상처럼 메이크업을 통해 입체적으로 표현하며 헤어나 네일 디자인은 자연스러운 느낌, 안정감을 표현한다.

갈색 표현 사례

이미지   낡음, 자연, 편안함, 나무, 낙엽, 돌, 아늑함, 친근감, 안정감

메이크업	헤어	네일

검 은 색

검은색black은 무겁고 어두우며 우울한 느낌, 두려움과 죽음을 나타내는 색으로 모든 빛을 흡수하여 깊고 복합적인 느낌을 준다. 다른 색을 선명하게 만드는 효과를 주어 유채색과 사용하면 강한 인상을 줄수 있다. 아이라인을 강조하는 스모키 메이크업에서 적용하며 헤어는 장식적인 연출로 강한 분위기를 표현하고 있다.

검은색 표현 사례

이미지 엄숙, 공포, 죽음, 분노, 지옥, 금기, 긴장, 어둠, 고뇌, 반항

메이크업	헤어	네일

흰 색

흰색white은 모든 색의 혼합체이나 색상을 느낄 수 없어 단순함, 깨끗함, 순수함, 신성함, 축복, 새 출발의 의미와 청결하고 위생적인 느낌을 준다. 또한 모든 색과 잘 어울리며 색의 관계를 완화시키고 돋보이게 하는 효과를 주는 색이다. 보디페인팅을 통해 예술적 감성을 돋보이게 하거나 헤어컬러링을 통해 새로운 느낌을 주었다.

흰색 표현 사례

이미지 겨울, 순결, 청초, 결백, 순수, 진실, 결혼, 병원, 물, 수녀, 보수적

메이크업	헤어	네일

회 색

회색gray은 시각적으로 자극이 없는 색으로 모든 색과 배색이 가능하고 돋보이게 하며 감정을 드러내지 않는 색이다. 편안하고 안정감을 주는 대중적인 색이다. 더불어 시간의 무상함을 느끼게 하는 깊고도 세련된 운치를 자아내는 색이기도 하다. 금속과 같은 느낌을 연출할 때 사용하며, 기계적이고 모던한 느낌을 주어 메이크업이나 헤어 등에서 사용하면 세련된 감각을 연출한다.

회색 표현 사례

이미지 안정감, 세련됨, 모던, 평범함, 무자극, 도시, 각박함, 부드러움

메이크업	헤어	네일

색의 배색과 조화

배색은 두 가지 이상의 색이 서로 어울려서 하나의 색만으로는 얻을 수 없는 효과를 일으키게 하는 것이며, 배색의 목적은 여러 가지 색을 의도적으로 조합하여 디자인의 전체 효과를 높이기 위한 것이다.

배색은 색의 3속성인 색상, 명도, 채도의 관계를 적절하게 이용하여 아름답게 조화시키는 다양한 전개 방법을 통해 다수의 배색 변화와 배색 효과를 만들어 낸다.

조화는 그리스어의 하르모니아harmonia에서 유래되었으며, 심리적인 쾌감을 느낄 때 아름답다고 생각하는 것으로 심리적이고 감각적인 균형을 말한다. 색은 시각적으로 강렬한 반응을 유도하는 요소로서 색채의 변화로 인한 감정의 변화를 유도할 수 있다. 따라서 같은 성질이나 서로 다른 성질의 색들이 잘 어울려서 심리적으로 쾌감을 느낄 수 있는 배색을 색채의 조화라고 한다. 또한 조화로운 배색을 위해서는 색이 갖고 있는 힘의 관계가 시각적·심리적 균형을 이루고 있는 상태로 조정해야 한다. 따라서 전체 배색의 통일감을 주는 주조색, 보조색, 강조색의 조화가 있어야 한다. 배색 시 주조색 : 보조색 : 강조색의 면적 비율은 70% : 20~25% : 5~10%가 적합하다.

주조색dominant color은 배색을 할 때 가장 큰 면적을 차지하고 전체적인 색채효과 및 이미지를 나타내는 것으로 바탕색이나 배경색인 경우가 많다. 전체 면적의 약 70%를 차지한다.

보조색assort color은 주조색을 보조하는 색으로 전체 면적에서 약 20~25%를 차지한다. 이 경우 동일, 유사, 대비, 보색 등의 관계가 생기게 된다.

강조색accent color은 포인트를 주어 강조하는 색으로 약 5~10%를 차지한다. 전체적으로 시각적 강조나 미적 효과를 위한 역할을 한다.

색채의 배색조화는 유사 배색조화와 대비 배색조화로 나눌 수 있다. 유사 배색조화는 색상이 같거나 비슷한 성질로서 서로 잘 어울리

는 것으로 색과 색 사이의 유사성에 기인하는 것이다. 대비 배색조화
는 색상이 반대되는 성질로서 서로 잘 어울리는 것으로 색과 색의 차
이성에 기인한다.

색 상 배 색

동일색상 배색 같은 색상을 이용하여 배색하는 것으로 명도나 채도를
다르게 적용하더라도 색상을 통합하는 원리로 조화를 이루게 한다.
전체적으로 융화감을 주는 배색으로 부드럽고 온화한 느낌을 얻을 수
있다. 무난하고 온화한 느낌으로 단조로워지기 쉽고 명도차, 채도차
를 조절하지 못하면 대개 부조화를 느낄 수 있다.

동일색상 배색 예시

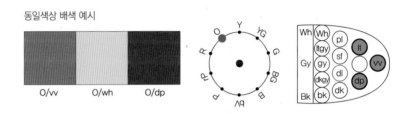

유사색상 배색 색상의 차이가 많이 나지 않는 가까운 색의 조합으로
자연스럽고 눈에 거슬림이 없는 안정적인 느낌의 배색이다. 유화적이
고 우아한 느낌으로 명도차를 크게 하고 채도의 차이도 적당히 변화
시켜야 조화를 이루게 된다.

유사색상 배색 예시

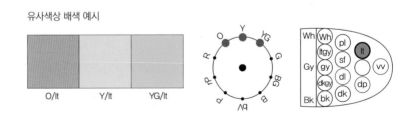

대조색상 배색 색상환에서 반대편의 위치에 있는 색의 조합으로 보색

색상의 배색이다. 서로 대립되는 색으로 매우 활동적이고 강한 대조를 이루어 색을 강력하게 드러낸다. 보색 배색은 서로의 색을 방해하지 않고 서로 생기 있게 느끼게 한다.

대조색상 배색 예시

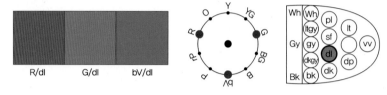

R/dl   G/dl   bV/dl

톤 배색

톤인톤 배색 근사한 톤의 조합에 의한 배색으로 동일, 인접 또는 유사 색상의 범위 내에서 색상을 사용한다. 톤의 선택에 따라 다양한 이미지를 연출하며, 색상의 제약 없이 자유롭게 배색하면서도 톤의 통일감으로 조화로움을 느낄 수 있다.

톤인톤 배색 예시

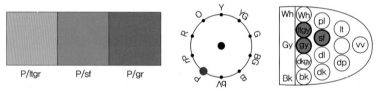

P/ltgr   P/sf   P/gr

톤온톤 배색 '톤을 겹친다'의 의미로 동일 색상에서 명도차를 이용하여 배색하는 것으로 동계색 농담의 배색이라고도 하며, 이것은 명도 그러데이션 효과와 동일한 느낌이다. 부드러우며 정리되고 은은한 이미지를 준다.

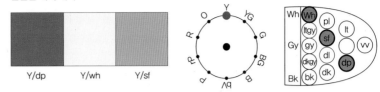

Y/dp　　　　Y/wh　　　　Y/sf

토널 배색 톤의 형용사형으로 '색의 어울림', '색조'라는 뜻이다. 톤인톤 배색과 유사하며 중명도, 중채도의 중간색계인 색상을 사용하여 배색 하는 것으로 소극적이면서 안정적인 느낌을 준다. 토널 배색은 채도 가 낮은 색상이 주조를 이루므로 각 색의 이미지보다는 배색 전체를 지배하는 톤에 의해 정해진다.

토널 배색 예시

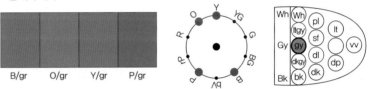

B/gr　　　O/gr　　　Y/gr　　　P/gr

카마이유 배색 카마이유는 단색화법으로 한 가지의 색을 몇 가지의 색 조로 변화시켜 그리는 회화기법을 말한다. 카마이유 배색은 거의 같 거나 가까운 색을 사용하여 거의 한 가지 색으로 보일 정도로 변화의 폭이 매우 작고 미묘한 색의 차이를 만든다. 색상 차이도, 톤의 차이 도 뚜렷하지 않아 애매하게 보이는 것이 특징이다.

카마이유 배색 예시

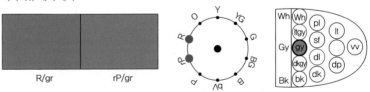

R/gr　　　　　　　rP/gr

포카마이유 배색 '포'는 '모조품', '가짜'의 뜻으로 카마이유 배색과 거의 같은 색상인 데 비해 색상과 톤에 약간 변화를 준 것이다. 겉보기에 유사하나 표현이 약간 다른 카마이유 배색이므로 미묘한 차이가 있다.

포카마이유 배색 예시

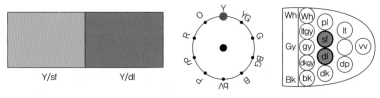

Y/sf　　　　　Y/dl

세 퍼 레 이 션 　 배 색

세퍼레이션이란 '분리시키다', '갈라놓다'의 의미로 여러 가지 배색이 애매모호한 관계나 혹은 지나친 대비로 인하여 강한 배색인 경우에 보완책으로 분리 색을 한 가지 추가하여 서로 분리시키는 효과를 일으켜 조화로운 배색 관계로 변화시키는 것이다.

　분리색으로 중성색이나 무채색을 주로 이용하며 이로 인해 색다른 배색조화가 나타나기도 한다.

대비가 강한 배색 예시

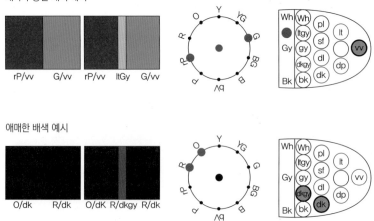

rP/vv　　G/vv　　rP/vv　ltGy　G/vv

애매한 배색 예시

O/dk　　R/dk　　O/dK　R/dkgy　R/dk

악 센 트 배 색

악센트란 '강조하다', '돋보이게 하다', '눈에 띄다'의 의미이다. 단조로운 배색에 대조적인 색을 소량 추가하여 배색의 초점을 주어 전체 색상 배색을 돋보이게 하는 효과를 준다. 악센트 배색은 전체적으로 배색이 평범하고 단조로울 때 큰 변화를 주어 강조하고자 하는 부분에 시선을 집중시키는 것이다.

악센트 배색 예시

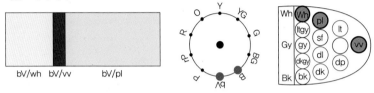

그 러 데 이 션 배 색

'서서히 변하는 것', '단계적인 변화'의 의미이다. 색채, 톤의 농담법을 의미하기도 한다. 색채를 단계별로 배열하여 시각적인 유목감, 유연감을 주는 것을 '그러데이션 효과'라고 하며 3색 이상의 다색배색에서 이와 같은 효과를 사용한다. 색의 3속성별로 파악하면 명도 그러데이션, 색상 그러데이션, 채도 그러데이션, 톤 그러데이션이 있다.

색상 그러데이션 예시

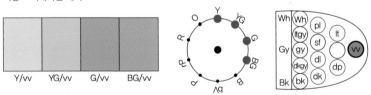

명도 그러데이션 예시

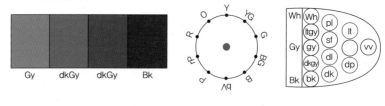

채도 그러데이션 예시

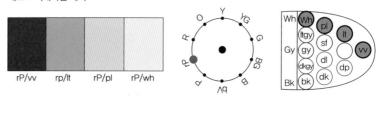

톤 그러데이션 예시

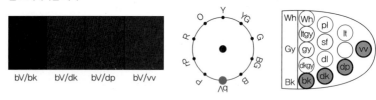

레 피 티 션   배 색

두 가지 이상의 배색을 하나의 단위로 하여 반복적으로 사용해서 조화된 결과를 만들어 내는 것이다. 일정한 질서를 통한 조화를 추구하여 통일감과 융화감을 나타낸다.

레피티션 배색 예시

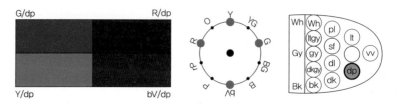

트 리 콜 로 배 색

트리tri는 프랑스어로 '3'을 뜻하고 콜로colore는 색을 의미한다. 3색 배색을 트리콜로 배색이라고 한다. 트리콜로 배색비콜로 배색도 포함은 국기의 색에 특징적으로 사용되며, 확실하고 명쾌한 배색을 보여준다. 또한 3색 배색을 트리플 컬라워크라고 부르는 경우도 있다.

트리콜로 배색 예시

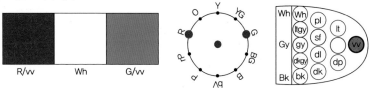

비 콜 로 배 색

비콜로란 프랑스어로 바이컬러bicolor와 같은 의미로 하나의 면을 두 가지 색으로 나누는 배색이다. 텍스타일에서 대중적인 배색으로 많이 쓰이는데, 소재의 바탕색을 베이스로 하고, 한색을 무늬색으로 프린트한 경우를 예로 들 수 있다.

비콜로 배색 예시

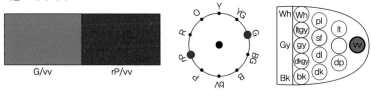

3
질감

질감은 겉으로 드러난 사물의 표면적 특징으로 촉각적·시각적으로 느끼게 되는 감각을 통해 형태에 대한 지식을 제공하는 물체 표면의 성질surface quality이다. 이러한 질감은 표면 또는 사물을 보거나 만지면 알 수 있으며 정서적인 반응을 유발한다. '거칠거나 매끄럽다, 납작하거나 요철감이 있다, 광택이 없거나 있다, 부드럽거나 딱딱하다' 등으로 표현되며 온도감도 나타낸다. 질감은 주로 촉감에 의지하며 경험과 결합하여 사물을 느끼게 하는 요소이다. 동일한 사물이나 공간에서 질감의 변화는 시각적 흥미를 더하며 인간의 감각과정을 활성화시키는 효과가 있어 조형요소에서 중요하다. 질감은 크게 촉각적tactile 질감과 시각적visual 질감으로 나눌 수 있다.

촉각적 질감

촉각적 질감은 손을 비롯한 피부를 통해 감각되는 감촉이다. 우리가 만질 수 있는 것으로 '거칠거나 매끄러운, 젖거나 마른, 부드럽거나 딱딱한' 등과 같은 표면 상태를 표현한다. 촉각적 질감에는 원래 재료의

표 13 촉각적 질감 예시

메이크업	헤어	네일	특징
			접촉을 통해서 느낄 수 있는 질감

성질을 있는 그대로 표현하는 가용성 질감, 질감의 재료를 변형시켜 다른 질감으로 나타내는 조절적 질감, 여러 질감의 재료를 모아서 새로운 질감을 만드는 유기적 질감으로 구분 지을 수 있다. 촉각적 질감은 원래 물질이 가지고 있는 표면적 특성을 변화시키므로 다양한 표현을 할 수 있다.

시각적 질감

시각적 질감이란 우리 눈으로 보이는 느낌으로 눈으로 보고 차이를 구별하는 것이다. 시각을 통해 촉각을 불러일으키는 질감을 말한다. 눈에 보이는 시각을 통해 촉각을 연상해내는 시각적 질감은 실재 존재하지 않는 질감을 느끼게 할 수 있다. 이것은 경험과 사물을 보고 인지된 느낌, 외부적 환경 요인에 따라 달라지는 질감이다. 시각적 질감은 빛, 명암, 거리감 등에 따라 다양한 질감을 연출할 수 있다. 크게 표면에만 질감이 나타나는 장식적 질감, 형태와 질감이 분리되지 않은 자연적 질감, 기계적 수단에 의해 얻는 사진, 스크린 패턴과 같은 기계적 질감이 있다. 눈으로 보이는 시각적 질감은 빛과 어둠의 대비, 밝고 어두운 변화, 바탕과 디자인된 부분의 분리현상 등을 통해 우리의 머리가 시각적 질감으로 느끼게 되는 것이다.

표 14 시각적 질감 예시

메이크업	헤어	네일	특징
			눈에 보이는 시각을 통해 촉각을 연상하는 질감

뷰티 디자인 원리

디자인을 한다는 것은 디자인 요소에 원리를 적용하여 미를 표현하기 위한 계획을 세우는 것이다. 디자인 원리는 디자인 요소형, 색채, 질감 등들이 특정한 효과를 만들어 내기 위해 결합하는 방법을 결정하는 연관 법칙이다. 모든 매개 요소들을 상호조화시켜 창조하는 것으로 형식미를 추구하는 심리적 활동인 미의 원리, 형식의 원리라고 한다. 디자인은 하나의 디자인 원리에 한정되거나 제한하지 않고 두 개 이상의 디자인 원리를 조합하여 활용하면서 미적 가치와 창작력을 높일 수 있다. 인체 위에 심미적이고 창의적인 뷰티 디자인의 표현을 위해 비례, 리듬, 균형과 강조의 디자인 원리 적용은 매우 중요하다.

1
비례

비례proportion는 길이나 면을 조화롭게 분할하는 기준으로 사용되고 통일과 변화의 조화를 표현하여 시각예술분야에서 중요한 역할을 하고 있다. 반복이나 균제와는 달리 질서와 변화를 갖게 하는 원리이다.

표 15 비례원리 적용 사례

메이크업	헤어	네일	특징
			크기나 길이의 차이를 두어 변화를 주는 것

비례는 구성요소의 부분과 부분, 부분과 전체의 상호간을 일정한 비율로 배열하여 균형을 형성하게 한다. 고대부터 가장 아름다운 비율은 황금분할golden-section이라고 했으며 오늘날까지도 디자인의 기본 원리로 적용되고 있다. 뷰티 디자인에서 비례는 선, 색채, 질감의 디자인 요소에 다양한 시각과 방법을 적용하며 이를 통해 이루어진 부분과 전체에 대한 조화가 창의적인 표현을 하는데 중요한 역할을 한다.

2
균형

균형은 어느 한쪽으로 기울지 않고 잘 어울리도록 시각적 평형감각을 유지하는 것이다. 선과 형, 색채, 재질 등의 요소에 의하여 이루어지며 대칭 균형과 비대칭 균형이 있다. 대칭 균형은 상하좌우의 시각적 무게에서 같은 배열로 마주보고 질서에 의해 안정된 통일감을 이루며 정적 균형static balance이라고도 한다. 정적 균형은 단조롭지만 통일감이 있고 규칙적인 안정감이 느껴지는 대칭 구성에서 이루어진다.

표 16 대칭 균형원리 적용 사례

메이크업	헤어	네일	특징
			시각적인 안정감을 주는 것으로 힘의 평형상태를 의미함

표 17 비대칭 균형원리 적용 사례

메이크업	헤어	네일	특징
			시각적인 안정감을 주는 것으로 힘의 평형상태를 의미함

　비대칭 균형은 좌우 대칭이 이루어지지 않은 구성으로 안정적인 형태보다 유연한 시각적 균형을 이루며 동적 균형dynamic balance이라고도 한다. 동적 균형은 생동감과 유연성, 세련미를 나타내는 비대칭 구성에서 이루어진다. 또한 비례의 원리를 이용하여 두 가지 이상의 요소 사이에서, 부분과 부분, 부분과 전체 사이에 상호간 시각상의 힘이 조화를 이룰 때 균형이 표현된다.

3
리듬

리듬은 디자인 요소가 반복되어 생기는 움직임으로 시각적 율동이다. 리듬에는 반복repetition, 점진gradation, 방사radiation, 연속continuation 등이 있다. 리듬은 강한 힘과 약한 힘이 반복적으로 연속될 때에 생기는 것으로 활기차고 경쾌한 느낌을 주며, 다른 원리에 비하여 생명감과 존재감이 강하게 나타난다.

　반복 리듬은 같은 느낌의 요소들이 규칙적으로 질서 있게 되풀이

표 18 리듬원리 적용 사례

메이크업	헤어	네일	특징
			디자인의 요소의 강약과 반복으로 인해 시각적인 운동감을 통해 표현함

되면서 시각적으로는 힘의 강약을 표현하여 움직임과 율동을 느끼게
해준다. 점진적 리듬은 선이나 형태의 두께, 간격, 크기나 면적 등을
크게 또는 작게 변화를 주어 하나의 흐름을 만들어 내면서 표현된다.
방사 리듬은 중심점에서 사방으로 퍼져 나가는 것으로 강한 힘을 느
끼게 하고 시선을 집중시키는 효과가 있고, 연속 리듬은 요소들의 배
열에서 어떤 의미를 주어 계속 움직임을 표현하게 한다. 이와 같이 리
듬은 디자인 요소들이 어떤 표현 방법을 통해서든지 시각적인 운동감
이 드러나게 하는 것이 큰 특징이다.

_
4
강조

강조는 주제가 되는 것을 강하게 나타내면서 시선을 집중시키는 것이
다. 강조는 색상이나 명도에 의한 대비, 특이한 형태, 서로 다른 재질들
을 대비시켜서 시각적 효과를 높이는 방법이다. 좋은 방법으로는 형태
나 면적이 같을 때는 색채로서 강한 대비를 이루어 강조하고, 색상의

표 19 강조원리 적용 사례

메이크업	헤어	네일	특징
			시선을 이끌어 내는 것으로 색채, 형태, 크기의 변화를 통해 집중시킴

조건이 동일할 때는 형태나 면적을 대조시켜서 강조한다. 이와 같이 강조원리는 주제를 어디에 두는지에 따라 재확인을 위한 것이나, 주제를 강하게 강조하고자 할 때 쓰인다.

뷰티 디자인 이미지

뷰티 디자인 이미지의 표현은 무엇보다도 중요한 부분이다. 뷰티 디자인에서 감성적 표현은 삶의 질을 중시하는 현시대에서 가치 있는 접근 방향의 하나로 대두되고 있으며 더욱 강조되고 있다. 이러한 감성은 감각의 느낌을 재현하고 전달시키는 것이 아니라 다양한 이미지를 통해 표현의 커뮤니케이션이 이루어진다. 이미지를 표현할 때 쉽게 설명할 수 있는 형용사들을 사용하여 감성적 표현을 하며, 다양한 감성 이미지를 분류해 놓은 것이 IRI 형용사 이미지 스케일이다. IRI 형용사 이미지 스케일은 12개의 감성군으로 나누어 분류한다.

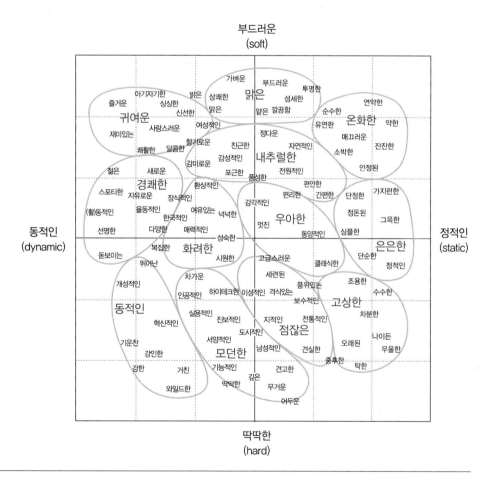

IRI 형용사 이미지 스케일

1
귀여운 이미지

귀여운pretty 이미지는 어린아이들의 뛰어노는 모습에서 느껴지는 명랑함과 생동감 있는 발랄한 소녀 같은 분위기이다. 주로 난색 계열의 밝고 선명한 색조를 사용하여 화사하고 사랑스러운 이미지로 표현한다. 헤어스타일은 앞머리를 내리거나 단발 머리형으로 연출하고, 메이크업에서는 주로 오렌지, 핑크 등을 주조색으로 하며 블러셔를 더해 생기 있고 사랑스러운 이미지를 연출한다. 특히 네일 아트는 리본이나 비즈 장식을 활용하여 귀여운 이미지를 연출하기도 한다.

귀여운 이미지 적용 사례

표현감성 사랑스러운, 아기자기한, 쾌활한, 즐거운, 예쁜, 달콤한

메이크업	헤어	네일

2
경쾌한 이미지

경쾌한cheerful 이미지는 생동감이 전달되는 젊음을 나타낸다. 선명한 난색 계열을 활용한 유사색상 배색이 많고 반대색상 배색으로 활동적인 느낌을 주기도 한다. 헤어는 노란색이나 주황색 컬러링을 하기도 하며 웨이브가 들어간 스타일로 연출한다. 왁스나 무스를 이용한 포니테일, 컬러플한 색상 배색으로 연출한다. 메이크업은 생기 있게, 피부는 가볍고 밝게 표현하고 아이섀도는 핑크, 오렌지, 그린, 블루 등의 색을 이용하여 글로시한 느낌으로 표현한다. 네일 아트는 밝고 선명한 색상으로 자유로운 패턴을 이용한다.

경쾌한 이미지 적용 사례

표현감성　젊은, 새로운, 자유로운, 율동적인, 활동적인, 선명한, 돋보이는, 새로운, 스포티한, 재미있는

메이크업	헤어	네일

3
다이나믹 이미지

다이나믹dynamic 이미지는 역동적인 힘이 연상되는 강렬하고 열정적인 분위기를 표현한다. 격렬한 움직임과 스피드를 느낄 수 있는 빨간색, 노란색, 파란색 등의 원색과 검은색을 이용하여 강하면서도 동적인 느낌의 이미지이다. 주로 선명한 난색 계열의 색을 강한 대비로 적용하여 활동성이 느껴지도록 표현한다. 헤어는 다양한 원색을 활용하여 강한 이미지로 표현한다. 아이 메이크업으로 주로 표현하며 선명한 색상을 활용하여 대비감 있게 표현하고 역동성을 나타내준다.

다이나믹 이미지 적용 사례

표현감성 개성적인, 혁동적인, 신속한, 강한, 와일드한, 거친, 기운찬, 액티브한

메이크업	헤어	네일

$\overline{4}$

화려한 이미지

화려한gorgeous 이미지는 멋스럽고 화려한 여성스러움을 표현하거나 매혹적이고 장식적이며 관능적인 느낌을 준다. 주로 붉은 색감을 이용하여 성숙한 분위기를 연출한다. 장식이나 색을 활용하여 강한 대비를 주거나 색상, 색조의 차가 큰 배색을 이용하여 강하고 화려한 이미지를 연출한다. 메이크업은 보라색, 빨간색, 검은색을 주조색으로 하여 진한 아이 메이크업과 립 메이크업으로 매혹적인 분위기를 연출한다. 웨이브 헤어에 장식을 이용하여 표현하며 네일은 진하고 강한 색에 장식적 요소를 더하여 연출한다.

화려한 이미지 적용 사례

표현감성 매력적인, 환상적인, 요염한, 다양한, 장식적인, 복잡한, 뛰어난, 시원한

메이크업	헤어	네일

5
모던한 이미지

모던한modern 이미지는 현대적이고 차가운 도시적인 이미지이다. 한색 계열 색상을 주조색으로 한 조용하면서도 수수한 느낌이나 감정이 드러나지 않는 무채색 배색으로 인공적인 도시의 느낌을 연출한다. 주로 무채색이나 파란색, 보라색 등을 주조색으로 활용하여 도회적이고 세련된 분위기 등을 연출한다. 피부는 매트하게 표현하고 메이크업은 블루, 퍼플, 무채색 등을 주조색으로 하여 표현한다. 헤어는 커트 스타일이나 포니테일의 깔끔하고 단정한 이미지로 연출하고 네일은 저명도 한색 계열, 무채색으로 장식 없이 단순하게 표현한다.

모던한 이미지 적용 사례

표현감성 인공적인, 도시적인, 현대적인, 차가운, 무거운, 인공적인, 기능적인, 딱딱한, 하이테크

메이크업	헤어	네일

6
맑은 이미지

맑은pure 이미지는 '연한, 옅은, 가벼운' 등과 같은 숲 속 공기나 얼음물이 연상되는 순수하고 깨끗한 느낌이다. 흰색을 주조색으로 연한 톤, 맑은 톤의 유사색상 배색을 주로 한다. 연한 파란색을 이용하여 전체적으로 청초한 느낌을 표현하고 한색 계열의 색과 옅은 난색도 함께 사용하여 깨끗한 이미지를 나타낸다. 투명한 피부 연출과 맑은 톤의 고명도 색을 이용한 아이섀도로 심플하게 표현하며, 립 메이크업은 누드 컬러로 연출한다. 헤어는 깔끔한 단발이나 스트레이트 스타일로 연출한다. 네일도 흰색이나 맑고 투명한 색을 사용한다.

맑은 이미지 적용 사례

표현감성　부드러운, 가벼운, 투명한, 깨끗한, 섬세한, 밝은, 옅은, 깔끔한, 순한

메이크업	헤어	네일

7
내추럴 이미지

내추럴natural 이미지는 꾸밈없이 소박하고 편안한 자연 분위기를 나타낸다. 라이트light, 라이트 그레이시light grayish, 그레이시grayish 톤과 자연의 색인 베이지, 아이보리, 옐로우, 올리브 그린, 브라운 등의 덜dull 톤으로 유사배색을 사용한다. 헤어는 브라운 계열의 색에 자연스런 굵은 웨이브의 롱 헤어스타일로 연출한다. 메이크업은 피부 톤보다 한 톤 낮은 베이지나 밝은 브라운 컬러로 가볍게 표현하여 은은하면서도 건강한 모습으로 표현한다. 네일 아트도 화려하지 않은 브라운 톤의 색을 이용하여 자연스러운 패턴을 사용한다.

내추럴 이미지 적용 사례

표현감성 전원적인, 편안한, 소박한, 자연적인,
풍성한, 친근한, 정다운, 포근한

메이크업	헤어	네일

8
우아한 이미지

우아한elegant 이미지는 여성스러우면서도 고급스러운 느낌으로 세련된 분위기를 표현한다. 자주색, 보라색, 산호색, 와인색, 핑크색 등의 소프트soft 색조와 섬세한 느낌의 세련되고 원숙한 감각의 색으로 표현한다. 헤어는 굵은 웨이브가 들어간 업스타일, 우아한 여성적 스타일로 연출하고 메이크업은 차분하고 매트한 느낌으로 표현하며 전체적으로 부드럽게 연출한다. 아이섀도는 파스텔 색조를 이용하여 우아하게 표현한다.

우아한 이미지 적용 사례

표현감성 여성스러운, 세련된, 멋진, 성숙한,
아름다운, 고급스러운, 감각 있는

메이크업	헤어	네일

9
온화한 이미지

온화한mild 이미지는 차분한 분위기, 포근한 안정감을 느끼게 한다. 아늑한 조명 밑에서 부드러운 향을 느끼며 여유로운 감성을 느끼게 한다. 정적인 느낌의 연한 톤, 그레이시 톤을 이용하여 부드러운 배색의 온화함을 연출한다. 노란색, 주황색, 연두색 등의 따뜻한 색과 고명도의 회색을 사용하기도 한다. 메이크업은 자연스러운 피부 표현, 밝고 흐린 톤과 옅은 톤의 배색으로 아이섀도와 입술을 연출한다. 장식이 없는 웨이브 스타일이나 느슨하게 묶은 헤어스타일로 표현한다. 네일도 소박한 패턴으로 무난하고 수수한 느낌을 연출한다.

온화한 이미지 적용 사례

표현감성 따뜻한, 안정된, 순수한, 약한, 잔잔한, 유연한, 매끄러운, 소박한

메이크업	헤어	네일

10

은은한 이미지

은은한peaceful 이미지는 정적이며 그윽한 느낌, 꾸미지 않은 소녀 같은 느낌을 전달한다. 전체적으로 잔잔하고 부드러우면서 가볍고 단아한 느낌을 준다. 주황색, 파란색의 그레이시 톤을 주조색으로 하여 강한 대비가 아닌 유사배색으로 표현한다. 중명도·저채도 색조를 활용하여 전체적으로 부드러우면서 차분한 배색으로 연출한다. 메이크업, 헤어, 네일은 온화한 이미지와 유사하게 화려한 장식을 배제한 자연스럽고 수수한 느낌으로 가볍고 차분하게 연출한다.

은은한 이미지 적용 사례

표현감성 그윽한, 단정한, 정적인, 단순한,
가지런한, 정돈된

메이크업	헤어	네일

11
점잖은 이미지

점잖은courtesy 이미지는 지적이면서도 신중한 느낌을 주는 보수적이고 중후한 분위기, 고급스러운 남성적 느낌을 강하게 전달한다. 베이지, 다크 브라운, 골드, 와인, 네이비 등 저명도·저채도의 탁한 색조와 이를 이용한 배색이 주를 이룬다. 헤어는 전통적인 깔끔한 스타일로 굵은 웨이브의 단발, 업스타일, 짧은 스트레이트 형태로 표현한다. 안정된 피부 표현에 메이크업은 브라운, 자주색, 와인색 등을 이용하여 입체감 있게 표현하여 이지적인 이미지를 연출한다. 네일 아트는 클래식한 느낌이 전달되는 색과 문양을 이용하여 표현한다.

점잖은 이미지 적용 사례

표현감성 지적인, 보수적인, 격식 있는, 중후한, 클래식한, 견실한, 이성적인

메이크업	헤어	네일

12
고상한 이미지

고상한noble 이미지는 전통적인 느낌과 여성적인 차분함을 함께 전달하여 클래식한 분위기를 연출한다. 점잖은 이미지보다 난색 계열을 더 사용하며 앤틱 느낌, 묵직한 가구처럼 오랜 시간의 흔적이 담긴 원숙한 분위기가 전달된다. 어둡고 깊은 톤, 저채도·저명도의 색을 사용하여 무거운 이미지로 보이기도 한다. 전체적으로 품위 있고 수수한 느낌이 전달된다. 메이크업이나 네일은 차분하면서도 탁한 색조를 사용하여 단아하게 표현한다. 메이크업은 특히 눈매를 깊게 표현하고, 헤어는 낮은 업스타일을 하여 단정한 분위기를 나타낸다.

고상한 이미지 적용 사례

표현감성   나이 든, 오래된, 차분한, 품위 있는, 탁한, 수수한, 조용한, 전통적인, 우울한

메이크업	헤어	네일

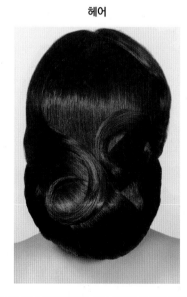

뷰티 문화사

문화가 다양하게 세분화되면서 매우 다양하고 전문적인 형식들이 창조적으로 표현되고 있다. 특히 뷰티 문화는 현대사회의 모습을 반영하고 있다. 우리의 삶과 밀접한 관계가 있으며 생활과 시간을 함께한 뷰티의 흐름을 통해 뷰티 문화의 역사적인 가치를 재발견할 수 있다.

1
1900년대

19세기 말기는 아르누보art nouveau 양식이 성행하여 장식적이고 화려한 스타일이 유행한 시대이다. 20세기를 들어서면서 과학과 기술의 발달 후 기능적이고 단순한 것이 가미되어 점차 변하기 시작했다. 이 시기는 유럽 지역이 가장 평온했으며 과학기술이 진보하고 예술적 감각을 발휘하여 새로운 시도들을 선보였다. 제1차 세계대전이 일어나기 전까지 물질적·정신적 평화를 누리게 되어 생활 전반에서 자유로운 감성을 가지면서 새로운 스타일에 관심을 갖게 되었다.

또한 경제활동에 참여하는 신여성이 증가되어 과거와는 다른 여성상이 형성되었다.

1900년대 여성과 남성의
헤어스타일

디 자 인 사 고 찰

미술공예운동

미술공예운동art and craft movement은 영국에서 일어난 건축과 장식미술 분야의 새로운 사조이다. 윌리엄 모리스william morris, 1834~1896가 주축이 된 수공예 중심의 미술운동이다. 18세기 영국을 중심으로 일어난 산업혁명에 의해 제품이 대량생산되자 디자인의 질적 저하와 예술성의 하락 문제를 해결하기 위해 미술공예운동이 일어났다. 인간 노동의 소외를 일으킨 기계에 대해 반대했으며 수공예를 통해 문제를 해결할 수 있다고 생각했다. 이 미술공예운동은 후에 유럽 전역에 영향을 미쳐 프랑스의 아르누보 양식을 창출시켰고 근대 디자인 운동에 많은 영향을 미쳤다. 건축과 장식예술 분야에서 주로 고딕 양식을 추구하고 고딕 복고운동을 전개했으며, 식물 문양을 응용한 유기적인 선 형태가 특징이다.

아르누보

1900년 전후 파리를 중심으로 일어난 아르누보art nouveau는 새로운 예술nouveau로 정의되며, 심미주의적이고 장식적인 경향의 신예술 운동이다. 이 시기 유럽의 전통적 예술에 반발하여 새 양식을 창조했으며 모리스의 미술공예운동, 클림트 등 회화의 영향을 받았다. 기존 예술가들은 표현을 위한 모티프를 역사적 시대 양식에서 찾았으나 아르누보는 역사적인 양식보다 자연 형태의 모티프를 통해 새롭게 표현했다. 식물의 형태를 연상하게 하는 유연하고 유동적인 선, 무늬, 형태 등 특이한 장식을 보였으며 유기적이고 움직임이 있는 모티프를 즐겨 사용했다. 좌우대칭이나 직선적 구성보다 곡선·곡면에 의한 유동성을 강하게 추구했다.

왼쪽 : 미술공예운동의 주축인 윌리엄 모리스의 '딱따구리'

오른쪽 : 아르누보의 대가, 알폰스 무하의 '백합'

1900년대 여성 머리장식과
메이크업

19세기에 유행한 은 장식적인 반면 앞에서 뒤로 머리카락을 빗어 넘기거나 느슨하고 부드럽게 치켜 올린 자연스럽고 단순한 스타일로 변화되었다. 남자들은 19세기에 이어 짧은 머리에 앞에서 뒤로 빗어 넘긴 헤어스타일이 유행했다.

상류층 여성들은 연약하고 순수한 여성미를 드러내기 위해 피부가 투명하고 하얗게 보이도록 화장하는 것을 가장 중요하게 생각했다. 배우들은 진하지 않게 부드러운 여성미를 강조하는 메이크업을 했다. 창백하고 아름다운 피부로 보이기 위해 여성들은 스킨 크림과 페이스 파우더를 사용했으며 주로 쌀 분말을 이용한 라이스 파우더를 많이 이용했다.

2
1910년대

본격적으로 20세기에 진입하는 시기이자 1914~1918년까지 제1차 세계대전이 일어난 격변의 시기였다. 전쟁 기간은 짧았지만 정신적·물질적으로 큰 변화를 일으켰으며 전시기간 동안 여성의 사회진출이 많이

1910년대 여성과 남성의
헤어스타일

이루어지게 되었다. 이와 더불어 과학의 발전은 속도화, 대량화, 표준화 등을 이루며 기계화된 산업구조가 발달하게 되면서 편리함을 얻었다. 계층구조의 변화로 인한 사회적 관행과 형식적인 겉치레 등이 사라져 기능적이고 실용적인 모드가 싹트게 되는 시기였다. 이 시기에는 기계의 움직임을 예찬하는 미래주의futurism 운동이 나타나며 과학기술이 눈부시게 발전했다. 또한 전쟁의 격변을 거치면서 인간들의 정신적 피폐함을 드러낸 다다이즘dadaism 운동이 나타나며 허무주의적인 예술현상이 나타났다.

전 시기의 과장된 형태에서 벗어난 단순한 헤어스타일이 나타난 시기로 여성들은 짧은 헤어스타일을 선호하고 베일이나 모자 장식으로 치장했다. 이와 함께 앞머리를 올려 빗어 높게 하고 뒷머리를 길게 늘어뜨린 스파이럴 와인딩 스타일이 유행했다.

남성들은 1900년대와 마찬가지로 짧은 머리를 단정히 빗어 넘긴 형태가 나타났으며 수염을 기르는 것이 점차 감소하기 시작했다.

자연스러운 메이크업을 선호했으며 핑크빛 파우더를 이용하여 화사한 느낌을 표현했으며 볼터치를 이용해서 여성스러운 분위기를 연출하기도 했다. 또한 일반인들은 영화배우의 메이크업을 따라 하기도 했는데 눈썹 머리부터 꼬리가 관자놀이까지 길게 이어지도록 눈썹연필로 그렸으며 입술의 윤곽선을 정확히 그려 작고 가는 입술 모양을 표

디 자 인 사 고 찰

미래주의

미래주의futurism는 이탈리아를 중심으로 일어난 운동으로 기계의 완벽함을 인정하며 기계의 역동성과 속도감을 예찬했다. 기계화에 따른 미래의 기대감을 소음, 속도감, 역동성, 운동감으로 표현했으며 과감한 색채, 빠른 움직임의 사선, 예각, 나선형 등의 선을 통해 역동성과 힘을 표현했다.

기존 예술적 감각을 부인하고 미래를 지향하는 기계화된 시대를 표현했으며 기계의 역동성과 속도의 미를 핵심으로 생각했다. 기존 소재에서 벗어나 금속이나 비닐 등 새로운 소재를 사용했다. 혁신적인 예술사조로 문학, 시, 건축, 디자인, 사진, 음악 등 다양한 장르에 영향을 끼친 최초의 아방가르드 운동이다.

다다이즘

다다이즘dadaism의 '다다'는 프랑스어로 어린이들이 타고 노는 목마라는 뜻이다. 제1차 세계대전 중 유럽과 미국에서 일어난 운동으로 기존 사상과 전통에 반기를 들고 새롭고 파격적인 것이 미술의 주제가 되어야 된다고 강조했다. 모든 사회적·예술적 전통을 부정하고 반이성, 반도덕, 반예술을 주장한 예술 운동이다. 제1차 세계대전 중에 스위스 취리히에서 일어나 1920년대 유럽과 미국에서 성행했다. 후에 초현실주의로 변하거나 흡수되었다. 근본적으로 허무 의식이 강한 다다는 부정적이고 어두운 사회상의 반영과 함께 어린아이와 같은 자유로운 표현 형식으로 콜라주, 인쇄매체, 색채 등 틀에서 벗어나 자유로운 회화양식을 보여주고 있다. 이처럼 다다는 시대적 심상이 같이 드러나는 화려한 색채와 어두운 색채를 동시에 사용하여 어둡고 칙칙한 화면 색채를 보여주고 있다.

왼쪽 : 미래주의 조각가, 보치오니의
'심리상태-이별'

오른쪽 : 쿠르트 슈비터스의
'파란 새'

1910년대 여성의
머리장식과 메이크업

현했다. 동양풍의 유행으로 강렬하고 화려한 색조와 검은색으로 또렷
하고 크게 강조한 눈화장 기법이 나타났다.

3
1920년대

전쟁을 승리로 이끈 미국의 생활양식이 유럽에 영향을 주었으며 미국
은 물질적 번영을 이루어 소비와 쾌락의 시기를 맞이했다. 전쟁으로
인해 특히 사회문화와 과학 분야에서 한걸음 진보를 이루었으며 변화
가 많이 일어났다.

　종전 후 해방감과 즐거움을 갈망하고 삶에 대한 열망으로 개인의
아픔을 달래는 재즈와 탱고, 댄스가 유행하여 광란의 20년대라고 불
리기도 한다. 사회적 약자였던 여성이 전쟁을 기점으로 확실한 사회
적 위치를 차지하면서 여성 의식이 변화되었고 지위가 향상되면서
자유로운 생활을 누리게 되었다. 남성적이면서 활동적인 젊은 여성
상으로 '가르손느,' '보이시', '플래퍼' 등이 새롭게 등장했다. 아르데코art
deco, 모더니즘modernism 등 기계적이고 더 기능적이며 단순함을 추구

하는 예술적 특징이 나타나면서 바우하우스bauhaus는 기계문명과 예술의 적절한 교류를 통해 근대 디자인의 발전을 이루었다.

이 시기 여성들은 보이시 헤어스타일을 선호하여 짧은 머리인 보브 스타일이 유행했다. 처음에는 남성처럼 뒷머리가 짧은 머리형인 싱글이 나타났다. 이와 함께 단발형인 원랭스 스타일의 보브가 나타나 다양하게 연출할 수 있게 되었으며, 짧은 머리에 곱실거리는 컬을 한 마셜웨이브가 같이 유행했다. 짧은 머리가 유행되면서 앞머리를 웨이브하거나 밴드로 장식하고 작은 핀을 이용하는 등 과도한 머리장식은 사라지게 되었다. 종형의 클로시 모자는 남자같이 짧아진 머리에 따라 크기도 작아졌으며 장식도 줄어들었다. 많은 여성이 사회적 활동을 하기 위해 단순함과 기능적인 모드를 중시하여 쇼트커트 머리를 하게 되었다.

강하고 인위적인 메이크업이 등장하면서 외적인 매력을 강조하는 짙은 화장을 했다. 특히 눈썹을 다듬고 손질하여 가늘고 얇게 그렸으며, 눈매는 아이라인으로 강조하고 파란색, 갈색, 초록색 등의 아이섀도를 사용했다. 마스카라와 회색, 검은색 코울 아이라인으로 눈의 음영을 강조하여 인위적이고 장식적인 눈매를 만들었다. 눈 주변을 짙게 그려 눈을 강하게 드러낸 것과 같이 립 메이크업에서도 입술선의 경계를 정확하게 그린 후 붉은색으로 채웠다. 입술산은 큐피드의 화살

1920년대 여성의
헤어스타일과 머리장식

디자인사 고찰

아르데코

아르데코art deco는 1910~1930년대에 프랑스를 중심으로 서구에서 시작된 것으로 후기 아르누보에서 바우하우스의 디자인 확립까지 이룬 중간적 양식이다. 아르데코는 '장식미술'이란 뜻으로 1925년 파리의 현대장식·산업미술국제박람회의 약칭에서 유래했다. 직선과 입체의 지적 구성, 억제된 기하학적 무늬의 장식성에 특색을 두었다. 공업적 생산방식을 미술과 결합시킨 기능적이고 고전적인 직선미를 추구하는 양식으로 현대적이고 도시적인 감각과 함께 모더니즘과 장식미술의 결합이다.

　장식적 아이디어는 자연뿐만 아니라 아메리카 인디언, 이집트, 초기 고전 양식들로부터 얻었으며 나체 여인상·동물·잎사귀·태양광선 등 모든 형태의 장식이 이 양식의 특징적인 주제를 이루었다. 기하학적인 형태와 패턴 반복을 이루며 기계적이고 기능성을 가미한 직선미를 추구했다.

모더니즘

일상에서 사용할 수 있는 실용적이고 간편한 디자인의 추구로 나타난 시대적 사조이다. 19세기 말엽 산업화의 현상으로 나타난 시대적 사조인 모더니즘modernism은 이성적이고 합리주의적인 사고로 과거 규범의 이탈과 새로운 시대의식을 위한 하나의 문화운동이었다. 전통이나 권위 등에 반대하며 새로이 등장하는 과학이나

아르데코를 빛낸 르네 랄리크의
'리베로프라우 코르사주'

문화에 의해 자유와 평등을 추구하는 개인주의 입장을 중시했다.

또한 모더니즘은 전위적이고 실험적인 예술을 뜻하고, 과거보다는 현재와 미래에 관한 의식을 형상화했으며 산업화, 도시화, 기계화에 따른 자본주의적 생산양식으로 일상적인 생활을 위한 실용적·이성적·합리적인 형태의 디자인을 추구했다. 단순미가 강하게 나타나며 주로 무채색을 사용했으나 원색을 사용하여 절제된 강조를 이루고 있다.

바우하우스

바우하우스bauhaus는 독일공작연맹의 이념을 계승하여 1919년 발터 그로피우스walter gropius를 중심으로 독일의 바이마르에 설립된 종합예술학교이다. 예술적 창작과 공학적 기술의 통합을 목표로 삼고 현대건축, 회화, 조각, 디자인에 결정적인 영향을 주었으며 형식에 어떠한 제한을 가지지 않고 새로움을 추구했다. 합목적적이면서 기본주의를 표방하여 기능과 관계 없는 장식을 배제한 스타일을 추구했으며 단순하고 자연스러운 색채를 사용했다.

바우하우스는 건축을 중심으로 미술과 공학기술의 조합, 각 예술영역 간의 상호교류를 강조했다. 모든 미술을 종합하는 종합예술을 지향하며 근대 디자인의 혁신적인 발전을 이루었다. 기능적이고 구조적이며 기하학적인 디자인을 성취하여 미술과 산업의 결합을 이루는 디자인을 실천하면서 예술의 역할을 재정립했다.

왼쪽 : 모더니즘 건축의 아버지, 르 코르뷔지에의 '파리를 위한 부아쟁 계획'

오른쪽 : 바우하우스에서 활동한 로타르 슈라이어의 '남자의 마스크'

1920년대 여성의 메이크업

모양처럼 둥글게 그려 여성적 매력을 강조했다.

1920년대에 들어서 네일 에나멜 산업이 본격적으로 시작되었다. 색상은 다양하지 않아 투명한 자연색 위주로 출시되었으며 네일에 대한 여성들의 관심이 점차 높아지는 시기였다.

4
1930년대

미국 주식시장의 대폭락으로 인해 유럽과 세계 경제에 큰 영향을 끼쳤으며 불황과 실업의 대공황이 일어나게 되었다. 세계 경제가 유례없는 대공황으로 인해 침체된 시기를 지나는 동안 일하는 여성들을 가정으로 되돌려 보내자는 운동이 일어났고 과거 남성적이고 보이시한 여성 이미지에서 우아하고 여성다움을 요구하는 스타일로 바뀌게 되었다. 경제 불황에도 불구하고 이 시기에는 대조적으로 영화산업이 가장 풍성하게 발달했다. 이 상반된 현상은 일반인들이 영화를 통해 어려운 현실에서 벗어나고 싶어 했기 때문이다. 이 시기에는 일반인들이 헤어스타일이나 메이크업 등에 대해 영화배우의 영향을 많이 받았다.

1930년대 여성의 헤어스타일

1930년대에는 초현실적인 예술적 양식surrealism이 나타나는 시기로 현실도피적인 현상으로 해석되며 꿈과 환상, 상상력 등 인간 정신의 진정한 자유와 무의식의 세계를 표현하여 새롭고 파격적인 변화를 통해 개인의 진정한 욕구를 분출하고자 했다.

여성들을 다시 가정으로 돌려 보내려는 분위기로 인해 전반적으로 여성적이고 우아한 헤어스타일이 우세했으며 짧은 헤어인 보이시 스타일은 자취를 감추고 성숙한 스타일이 인기를 끌게 되었다. 어깨까지 내려오는 단발에 옆 가르마를 하여 앞과 옆에 핀을 꽂고 머리를 뒤로 길게 풀어 완만한 웨이브가 귀 안쪽으로 굽어지는 페이지 보이 보브 또는 롱 보브 스타일은 영화배우의 헤어스타일로 점차 대중들에게 유행했다.

이 시기 배우의 메이크업 스타일은 얼굴의 균형과 비율을 잘 살려 사진이 더 잘 나오도록 완벽하게 균형을 잡았다. 조각 같은 정교하고 입체적인 화장을 선호했다. 이러한 모드는 일반 여성들에게도 영향을 주어 과장되거나 화려하지 않은 전통적이며 성숙한 여성미를 강조한 메이크업 스타일이 나타났다. 얼굴에 파운데이션을 완벽하게 바르고 아치형으로 그려진 눈썹과 눈매가 깊어 보이도록 아이섀도를 바른 후 아이라인과 마스카라를 사용했다. 자신의 입술선보다 바깥쪽으로 그려 더 크게 보이도록 립 메이크업을 했다.

디자인사 고찰

초현실주의

초현실주의surrealism는 제1차 세계대전과 제2차 세계대전 사이에 약 20여 년 동안 유럽에서 일어난 전위적인 문학·예술운동이다. 이전의 반예술운동이자 허무주의적인 다다이즘으로부터 파생되었다. 다다와 달리 초현실주의는 부정적 의미보다 꿈과 환상의 세계라는 초현실 속에서 이성의 세계와 결합하여 상상력인 무의식의 세계를 시각적인 방법으로 표현하고자 했다. 전쟁이라는 어려운 시기에서 벗어나고자 하는 인간의 심리와 두려움이 동시에 나타나며 환상적이고 기괴한 이미지를 형성하기도 한다.

초현실주의는 내용적 측면이나 형식적 측면이나 무한한 자유로움을 강조하여 형식주의를 벗어나게 된다. 자유로운 상상력을 통해 꿈이나 무의식의 세계를 표현하는 것으로 초현실적인 미를 창조했다.

대표적인 예술가로는 살바도르 달리, 르네 마그리트, 막스 에른스트 등이 있다. 다양한 기법들을 사용하는데 위치전환법, 오브제의 도입, 데페이즈망depaysement, 자동기술법automatism 등이 있다.

초현실주의의 대가, 르네 마그리트의 '백지위임장'

1930년대 여성의 메이크업

네일은 점차 색상이 다양해지면서 동일한 색상의 립스틱과 네일 제품이 등장하기도 한다. 1936년 엘레나 루빈스타인은 프렌치 매니큐어 기법을 제안하며 네일 컬러링 방법을 소개했다. 대표적인 업체인 큐텍스와 글라소에서는 의상과 같은 손톱 색, 핸드백 색상에 대한 스타일 제안을 광고에 실었다.

5
1940년대

제2차 세계대전이 발발한 시기로 전쟁 후 유럽은 침체되었으나 미국은 산업이 더욱 발전했다. 미국이 급부상하면서 사회와 경제, 문화의 중심이 유럽에서 미국으로 옮겨갔다. 이 시기 미국에서는 추상표현주의abstract expression 양식이 나타나는데, 초현실주의의 추상성과 함께 작가의 직관적인 표현 행위를 예술로 표현했다. 영화나 음악 등 대중문화의 비중이 점점 커지고 전쟁으로 인해 교통, 통신기관이 급속히 발달했으며, TV의 확산으로 문화적 국제화가 도래하기 시작했다. 세계대전의 영향으로 영화산업은 각광을 받았으며 현실 도피처로서 역할을

1940년대 여성의 헤어스타일

했다. 전쟁으로 인해 여성의 사회적 활동이 확대되는 분위기에서도 고통과 획일적인 복식에 벗어난 우아한 여성적 모드를 추구하게 된다.

헤어스타일은 여성의 사회적 참여로 인해 편하게 일할 수 있는 스타일이 나타나는데, 모자를 이용한 스타일이다. 모자는 장식적인 의미와 함께 위생이라는 실용적인 의미로 사용했다. 또한 모자를 대신하여 스카프를 머리 위에 묶거나 턱에 묶는 것이 유행했다. 할리우드 배우들은 자연스러운 웨이브를 하여 여성스럽고 우아한 느낌을 주었다. 이와 함께 웨이브 머리를 올려 톱에서만 부풀리는 업스타일이 등장하기도 한다.

컬러 필름이 개발되자 색조화장을 더욱 풍부하게 하여 1940년 초반 전쟁 중에는 강하고 관능적인 이미지를 강조하여 또렷한 형태의

1940년대 여성의 메이크업

디 자 인 사 고 찰

추상표현주의

구상적인 표현과 반대되는 의미로 설명할 수 있는 추상표현주의abstract expression는 재현적인 표현이 아닌 작가의 내면 세계를 중시하며 예술가 본인의 직관적인 표현 행위를 예술로 나타내는 특징이 있다. 현실 세계의 모습이나 문제보다 인간의 내면 세계를 자유로운 형식을 통해 표현한다. 추상적 형태나 무의식 상태에서 발생하는 우연적인 효과를 추구하며 중시하는 것이 특징이다. 구상적인 추상을 펼치는 빌럼 데 쿠닝willem de kooning의 작품에서부터 추상적이나 표현적이라고는 볼 수 없는 바넷 뉴먼barnett newman의 작품까지 추상표현주의는 행위를 강조하는 액션페인팅action painting과 물감을 화면 전체에 고르게 바르는 색면 회화color-field painting로 세분하기도 한다.

추상표현주의는 어느 한 부분에 초점을 주지 않고 전체가 강조되는 전면적 구성을 하거나 끊임없는 행위와 운동감을 줄 수 있으며 위아래의 구분이 어려운 특성이 있다. 대표적인 작가로는 잭슨 폴락, 빌럼 데 쿠닝, 바넷 뉴먼, 마크 로스코 등이 있다.

왼쪽 : 추상표현주의의 대가인 잭슨 폴락의 '검은색, 흰색, 노란색, 붉은색 위의 은빛'

오른쪽 : 추상표현주의의 대표 작가, 빌럼 데 쿠닝의 '여자와 자전거'

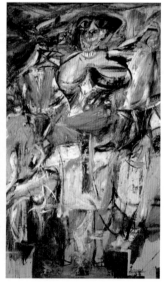

눈썹, 볼륨감 있는 두꺼운 입술 표현 등이 나타났다. 전쟁이 끝난 후에는 눈썹화장이 더욱 여성적인 곡선으로 바뀌고 눈꼬리를 강조하며, 마스카라를 사용하여 메이크업을 완성했다. 특이할 만한 것은 이 시기에는 물자 부족으로 스타킹 제조가 어려워지자 맨다리에 스타킹을 그려 넣는 다리 화장이 유행하기도 했다.

네일은 메이크업을 완성하는 마지막 단계로 인식되면서 여성들이 다양하게 선택할 수 있도록 네일 폴리시 색상의 폭이 점점 더 넓어지고 다양해졌다.

6
1950년대

1950년대에는 제2차 세계대전 후 미국과 소련의 대립을 축으로 하는 자본주의 진영과 사회주의 진영과의 적대적인 냉전 체제가 나타났다. 이러한 냉전 체제에 의해 미국이 경제, 문화뿐만 아니라 사회 전반적으로 모든 면에서 주도권을 갖게 되었다. 유럽은 경제를 재건하기 위해 어려움을 겪는 시기인 반면 미국은 소비를 강조하는 경제적 호황을 누리는 시기였다. 가정용 전자제품, 자동차산업 등은 크게 발전했으며, 특히 TV 보급이 확산되어 대중문화의 영향력이 커지는 시기이기도 하다. 또한 컬러 영화, 텔레비전, 카메라 등이 등장했으며 컬러의 중요성이 부각되었다.

전쟁 후 여성은 다시 가정적이고 순정적인 여성상을 추구하게 되면서 풍부하고 입체감 있는 웨이브 스타일뿐만 아니라 긴 머리를 느슨하게 뒤로 틀어 올린 프렌치 트위스트 스타일이 나타났다. 또한 긴 머리를 뒤로 높이 묶는 스타일인 포니테일, 홀스 테일이 유행했다. 배우

1950년대 여성의 헤어스타일

의 영향으로 다양한 머리도 나타났는데 그중 메릴린 먼로의 헤어스타일이 유행했고, 젊은 세대 사이에는 보이시하면서 깜찍한 헵번스타일의 커트 머리도 함께 인기를 끌었다.

성숙하고 우아한 여성을 표현하며 패션과 메이크업을 중시하는 경향을 보였다. 이 시기에는 화사하고 깨끗한 피부 표현과 눈과 입술을 강조하기 위해 볼터치는 거의 하지 않는 메이크업 스타일이 나타났다. 자신의 눈썹라인을 최대한 살려 진하고 자연스럽게 그렸으며 마스카라를 이용하여 눈썹 결을 살려 풍성하게 보이게 했다. 쌍꺼풀을 강조한 아이섀도 위에 아이펜슬과 액체아이라이너로 눈썹 앞머리부터 눈꼬리 뒤쪽까지 길게 이어지도록 치켜 올려서 그리는 폭시아이 눈매를 연출했다. 입술은 입술선보다 크게 그렸으며 글로시한 질감을 더하고

1950년대 여성의 메이크업

풍성한 느낌으로 우아하면서 섹시한 이미지를 연출했다. 영화 스타의 메이크업이 영향력이 생기면서 당시 여성의 메이크업에도 큰 영향을 주었다.

네일은 점차 패션과 더욱 밀접해지면서 메이크업의 한 분야에 속하게 되었으며 네일 아트로서 자리를 차지하게 되었다. 패션과 화장과의 조화로움을 추구하면서 화장품 업체인 엘리자베스 아덴, 에본에서 네일 제품이 출시되면서 더 다양해졌다.

7
1960년대

1960년대에는 경제 발달로 인하여 새로운 창조와 역동적인 발전을 이룬 시기로 전쟁 후 태어난 베이비붐 세대들이 이 시기 전체 인구의 대부분을 차지하면서 영향력이 커지게 되었다. 이 젊은이들이 기성세대와의 차별점이 있는 새로운 청년문화를 형성하여 소비 집단의 주요 계층으로 성장했다. 생동감이 넘치는 젊은 계층들은 다양성과 개성을 드러내면서 격변의 60년을 만들어갔다. 또한 이 시기에는 인류 최초로 달 착륙에 성공하면서 과학 시대를 열게 되었고 이로 인해 우주에 대한 관심이 고조되었다. 정치적으로는 미·소간의 냉전이 더 심화되면서 자본주의와 사회주의의 갈등 폭이 깊어지게 되었다. 이 시기의 예술적 경향은 강렬한 색채와 단순한 형태가 주로 나타나며 미니멀아트minimal art, 옵아트op art, 팝아트pop art와 같은 현대적 감각이 성행했다. 획일적인 모방에서 벗어나 개성적이고 다양한 새로운 미를 표출하는 현상이 두드러지게 나타났다.

1960년대 초기에는 머리를 과도하게 둥글리고 풍성하게 부풀린 부

1960년대 여성의 헤어스타일

팡 헤어스타일이 유행했다. 백코밍을 하여 뒤로 넘긴 스타일로 긴 머리나 짧은 머리를 모두 부풀렸다. 전 세계적으로 유행했던 비달 사순의 기하학적인 보브 스타일 커트는 많은 여성의 헤어스타일로 대표되었다. 또한 긴 머리를 자연스러운 형태로 풀어내린 것이 특징인 히피 스타일은 하위 문화적인 청년문화로 반영되기도 했다.

미에 대한 가치 개념의 변화로 개성이 중시되면서 다양한 메이크업이 나타났다. 청년층 대상으로 깨끗한 피부에 풍성한 눈썹, 가짜 주근깨, 장밋빛 볼 등 젊음이 드러나는 틴에이저 스타일의 메이크업이 생겨났다. 대표적으로 트위기의 메이크업을 살펴볼 수 있으며, 이 스타일은 단순히 틴에이저뿐만 아니라 이 시기의 여성들에게 인기를 끌었다. 입술과 눈썹은 흐리게, 그리고 홀 라인은 검은색 섀도로 강하게

1960년대 여성의 메이크업

디자인사 고찰

팝아트

팝아트pop art, popular art는 대중매체의 유행에 대한 새로운 태도로 대중문화상품에 결합되어 있는 재미, 생활양식, 소모성, 상징성을 강조하여 통속적이고 저속한 양식을 재해석하는 표현이다. 대중문화적인 이미지를 미술로 수용하여 유희적·고의적인 장식을 가미하고 순수디자인의 양식을 거부하며 산업사회의 현실을 미술 속으로 적극 수용했다. 이것은 반예술적 정신을 미화시키고 이로 인해 상품 미학에 대한 진정한 비판적 대안보다 소비문화의 굴복 현상으로 나타나게 된다.

팝아트는 텔레비전이나 매스미디어, 상품광고, 교통표지판 등까지 매우 다양하며 일상적인 것뿐만 아니라 코카콜라나 만화, 영화 속 주인공까지 아주 통속적이고 흔한 소재들까지 미술 안에 나타나게 했다. 순수예술과 대중예술의 혼합을 이루며 이분법적이고 위계적인 질서를 무너뜨린 양식이기도 하다. 대표적인 작가로는 앤디 워홀, 리처드 해밀턴, 로이 리히텐슈타인 등이 있으며 특히 앤디 워홀은 메릴린 먼로나 미키 마우스 같은 대중적 이미지를 이용하여 표현했다.

옵아트

옵아트op art, optical art는 팝아트의 상업성과 지나친 상징성에 대한 반동적 성향으로 대두된 양식으로 순수한 시각적 작품을 추구하는 '시각적인 미술'의 양식이다. 원색의 대비, 선의 교차, 물결 모양 등을 이용하여 착시를 일으키는 기하학적 추상

팝아트의 대표 작가, 앤디 워홀의
'캠벨 수프'

미술로 강렬하고 역동적인 색과 빛, 그리고 움직임을 느끼게 하여 리듬감 있는 입체적 조형미를 시각적으로 느끼게 하는 예술이다.

옵아트는 어떠한 사물의 구체적인 이미지 표현보다 시각적이고 비촉각적인 느낌을 추구하여 반복과 단순성을 통해 비전통적이고 미래지향적인 성향을 보인다.

1965년 뉴욕 현대미술관에서 보인 '감응하는 눈'이라는 전시 이후 사용된 용어로 의도적인 착시현상을 유도하여 시각적 영역에서만 이루어지는 형태를 추구하고 단순하고 반복적인 화면 구성이 큰 특징이다. 대표적 작가로는 빅토르 바사렐리, 브리짓 라일리 등이 있다.

미니멀아트

1960년대 후반 미국의 젊은 작가들이 최소한의 조형수단으로 제작한 회화나 조각에 나타난 양식으로 미니멀아트minimal art라고 한다. 예술의 본질을 추구하며 구조를 단순화하는 것을 중시했던 사조로 극도로 단순화하는 것이 특징이다. 극히 주관적이고 절제된 양상으로 표현되므로 표현 재료와 디자인의 요소까지 모두 단순화와 최소화의 양식을 통해 표현된다. 최소한의 양식은 절제된 단순함으로 나타나며 절제된 형태와 색상으로 아름다움을 추구하게 된다. 불필요한 장식과 과장된 형태를 거부하는 현상으로 나타난다. 순수하리만큼 단순한 미를 추구하는 성향은 극단적인 간결성으로 드러나거나 재료 가공을 하지 않는 형태로 순수함을 표현하기도 한다. 대표적인 작가로는 도널드 저드, 프랭크 스텔라, 댄 플래빈 등이 있다.

왼쪽 : 옵아트의 대표 작가,
빅토르 바사렐리의 '콤포지션 69'

오른쪽 : 미니멀아트의 대가,
도널드 저드의 '무제'

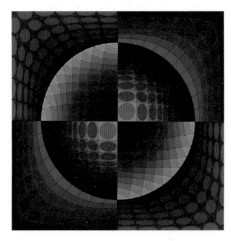
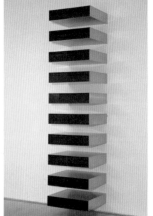

그리며 인조 눈썹을 달아 눈을 강조하는 메이크업이 나타났다. 초기에 비해 중후반으로 갈수록 더 장식적이고 대담하며 새로운 스타일을 추구하게 되었다. 기존 메이크업에서 보지 못했던 오브제 장식이나 동식물을 주제로 한 판타지 메이크업이 등장하게 되었다.

네일은 1960년대에 이르러 전문적인 교육을 받은 네일 리스트에 의해 관리되기 시작했다. 기본적인 케어와 컬러링과 함께 손톱 관리가 이루어졌다. 유행을 만들어 내는 청소년들이 주도한 시기로 네일 제품도 틴에이저 스타일 네일로 펄이 들어 있는 파스텔 계열의 색상을 선보였다.

8
1970년대

두 차례의 석유파동으로 인한 달러 쇼크와 인플레이 현상 등으로 세계적인 경제 불황이 시작되고 세계 무역은 쇠퇴의 길에 서게 되었다. 실업률이 증가하면서 사회적 불안 심리로 인하여 소비자들은 실제적이고 합리적인 생활을 추구하게 되며 미·소 간의 냉전 체제가 가라앉기 시작하는 시기였다. 정치적으로 휴머니즘을 강조하며 반전 운동이 미국과 영국에서 일어나게 된다. 이것은 기성세대와 청년문화의 갈등을 의미하고 소수 개성도 존중하는 시대로 접어들게 되었다.

여성의 헤어스타일은 주로 바람머리처럼 자연스러운 형태를 추구했다. 블로우 드라이를 하거나 퍼머넌트 웨이브로 볼륨감을 살렸다. 머리 길이는 미디엄이나 롱 헤어로 흐르는 듯한 자연스러운 형태를 선호했고 윗머리는 자연스럽게 볼륨을 많이 주지 않는 스타일이었다. 어깨 길이의 웨이브가 유행했으며 짧은 머리는 모든 계층 여성에서 볼 수

1970년대 여성의 헤어스타일

있다. 층이 있는 부드러운 웨이브 스타일로 내추럴하면서도 여성스러운 특징과 함께 활기차고 섹시한 느낌도 있어 많은 사람들에게 인기를 끌었다. 또한 흑인 머리인 아프로 스타일과 함께 펑크 헤어스타일도 나타났다.

메이크업은 자연주의적인 성향으로 인해 얼굴에 건강한 여성미를 강조하는 화장을 했다. 1960년대의 강한 눈 화장은 사라지고 부드러운 파스텔 톤의 아이섀도 위에 마스카라만 사용하거나 속눈썹의 라인을 따라 아이라인을 그리는 등 자연스러운 형태로 변했다. 입술은 윤곽선을 그린 후 글로시한 질감을 통해 자연스러움과 볼륨감이 강조되게 그렸으며, 볼터치는 관자놀이까지 연결되도록 표현하여 얼굴 전체에 색조감을 주었다. 이 시기에 특징적인 것은 낮에 자연스럽게 하

1970년대 여성의 메이크업

는 메이크업과 함께 화려하고 섹시한 여성미를 표현하는 이브닝 메이크업이 나타난 점이다. 이브닝 메이크업은 눈매를 강조하고 화려한 색조를 이용하여 클럽에서 댄스를 즐기기 위한 것이다. 또한 펑크스타일의 퇴폐적이고 저항적인 표현이 나타나면서 분홍색, 녹색 등의 헤어스타일과 창백한 화장을 이용한 판타지 메이크업을 선보이기도 했다.

자연 손톱에 길이를 연장하는 인조 손톱이 개발되었다. 네일 팁이나 아크릴 네일이 등장하여 이 시기에 본격적으로 긴 네일을 사용해서 아름다움을 표현하게 되었으며 점차 네일 아트가 정착되기 시작했다.

9
1980년대

1980년대는 경제 부흥의 시기로 생활양식이 다양해지고 인간의 감성을 존중하는 새로운 의식이 싹트기 시작했다. 인간의 삶과 여가의 필요성을 인식하는 시기로 자유로움과 휴식을 즐기는 생활패턴이 등장하면서 문화 전반에 걸쳐 새로운 변화가 나타나게 된다. 생활양식과 가치관, 환경 변화가 일어나며 사람들의 의식구조도 복잡해졌다. 정치적 개혁이 일어나 동유럽 공산주의 국가도 개방 정책을 펼쳐 좀 더 다양한 국제 교류가 이루어졌으며 냉전 분위기는 서서히 풀리기 시작했다. 이 시기는 포스트모더니즘post modernism의 새로운 사조가 활성화되면서 좀 더 개성화되고 다양화되어 고정적인 관념에서 벗어나 자유롭게 융합되는 절충적 성격이 강하게 드러나게 되었다.

지난 시기를 이어 자연스러운 헤어스타일이 계속 유행하면서 어깨가 강조된 복식과 어울리도록 웨이브, 볼륨감을 주어 부풀린 헤어스타일이 인기를 끌었다. 또한 영국 다이애나 비의 헤어스타일인 자연스럽고

1980년대 여성의 헤어스타일

여성스러운 커트와 이마를 가리는 레이어 커트가 크게 유행했다.

여성 사회활동의 확대로 인하여 강하고 뚜렷하게 메이크업을 연출했다. 남성적인 요소가 강한 짙고 두꺼운 눈썹과 쌍꺼풀과 눈꼬리, 언더라인을 강조하는 포인트 눈 화장, 윤곽이 뚜렷한 립 메이크업을 통해 강인하고 활동적인 이미지가 성행하게 되었다. 더 이상 아름다움만을 추구하는 여성상이 아닌 남성과 동등한 위치에서 경쟁하는 강인한 이미지를 추구해야 한다는 의식의 변화와 함께 자신감 넘치는 활기찬 여성의 이미지를 표현하게 된 것이다.

복고풍의 영향으로 여성의 손톱이 길어지기 시작했고 붉은색이 유행했다. 급격한 네일 시장의 성장으로 네일 제품을 판매하는 업체가 많아지면서 다양한 네일 액세서리도 등장하기 시작했다.

1980년대 여성의 메이크업

디자인사 고찰

포스트모더니즘

포스트모더니즘post modernism은 모더니즘의 연속선상으로 나타나는 현상으로 '모더니즘 이후', '탈 모더니즘'이란 뜻이다. 1960년 미국에서 태동하여 모든 분야에 걸쳐 전 세계적으로 확산된 지성적 문화운동으로 원래는 건축 분야에서 시작되어 사회 전반에 걸쳐 나타나면서 사조로 발전하게 되었다. 모더니즘에 대한 역설적인 비판을 통해 새로운 실험을 추구하게 되었다. 20세기 이후 산업화된 모더니즘에서 탈피하려는 의식에서 등장하게 된 사조로 포스트모더니즘은 세계와 인간을 파악하고 이해하려는 사고방식이 있다.

좁게는 문학과 예술 방면, 넓게는 인간 정신의 모든 산물에 걸쳐 나타나는 현상으로 '모든 가치에 대해 차별 없는 열린 정신'을 의미하기도 한다. 서로 다른 다양성에 관심을 갖고 다양성의 인정은 이질적 요소를 인정하고 결합시킨다. 장르를 붕괴시키고 전통적인 이분법적 체계에서 벗어나 다양한 양식이 공존하게 되는 문화의 다원주의적 경향이 포스트모더니즘의 특징이라고 할 수 있다.

멤피스 디자인

멤피스 디자인memphis design은 1980년대에 이탈리아를 중심으로 활동한 가구와 제품 디자인 그룹의 이름이다. 이 그룹은 에토레 소트사스Ettore Sottsass의 주도로

멤피스 디자인의 가구 제품

기능성보다는 기하학적인 형태를 추구하며, 특히 선명한 색감의 플라스틱 재질을 이용하여 시각적 유희를 통해 감성적인 디자인을 보여주었다. 다양성을 중시하면서도 급진적인 디자인으로 평가 받고 있는데, 이러한 개성적인 표현은 포스트모더니즘 이론을 명확히 하는 계기가 되었다는 평가를 받기도 한다. 형태를 부각시킬 수 있는 강하고 장식적이며 선명한 색의 사용이 특징적이다.

해체주의

'해체'에 대한 이해는 조립 또는 조형에 반하여 분해 또는 풀어 헤치다, 또는 건설에 반하여 파괴destruction를 의미하는 것으로 긍정보다는 부정적인 힘과 관련된다. 1980년대에 등장한 해체주의deconstructionism는 프랑스의 자크 데리다Jacques Derrida에 의해 등장하게 된 것으로 모더니즘 건축의 획일적 기능주의를 반하는 용어로 설명되면서 다양성을 중시한 포스트모더니즘의 특징을 잘 표현하고 있다.

　해체주의적 건축은 형태의 새로운 해석을 하게 되는데, 이러한 새로운 해석은 변형과 확장의 의미를 나타내는 해체적 표현을 가져오게 된다. 이러한 형태 의미의 불확정성은 형태의 유희라는 작업으로 나타나게 된다. 해체주의 건축가는 자신이 추구하는 형태 개념을 강조하기 위해 색을 선택하는데, 복잡한 구조의 형태를 분리 채색하거나 강렬한 주제가 등장할 경우 의외의 색을 선택하여 새로운 구조를 표현하면서 다채로운 변화를 추구하게 된다.

해체주의 건축가,
프랑크 게리의 '댄싱 하우스'

10
1990년대

미국과 소련의 대립 구도가 무너지면서 국제 정세는 새롭게 탈냉전 시대를 열며 다극적 체제를 이루게 되었다. 미국은 이 시기에도 세계의 패자로 자리매김하며 세계 경제에서 여전히 주도권을 쥐게 되었다.

과학기술의 발전으로 교통수단이 발달했으며, 인터넷과 컴퓨터의 빠른 확산으로 기존 시공간의 의미가 바뀌고 세계는 글로벌 시대로 하나의 문화권을 형성하게 되면서 유행의 흐름도 빠르게 진행되는 글로벌리즘globalism 현상이 나타났다. 세기말의 영향과 환경오염의 문제로 인한 자연의 중요성이 부각되면서 에콜로지 스타일이 나타났고 환경 친화적 상품들을 선보이게 되었다.

헤어스타일은 개인의 독창성과 개성이 점차 중시되어 다양한 길이와 헤어 커트들이 나타나고 컬러링도 발달하여 다양한 이미지를 표현하게 되었다. 자연스러운 웨이브와 짧게 자른 커트 형태와 변형 보브 스타일이 나타났다. 아프리카 레게풍의 힙합 스타일이 유행하여 아프로 브레이드 스타일과 두건이 인기를 끌었고 오리엔털 미니멀 스타일인 단순한 짧은 생머리나 굵은 웨이브의 긴 머리가 유행하기도 했다.

또한 자연스럽게 흘러내리는 스타일이 유행되면서 커트와 헤어 컬러

1990년대 여성의 헤어스타일

1990년대 여성의 메이크업

가 중시되었다.

환경을 중시하며 건강한 삶을 추구하는 에콜로지 경향과 친환경적인 영향으로 부드럽고 자연스러운 스타일인 내추럴 메이크업이 전반적으로 나타났다. 색조화장보다 피부 건강을 중시하며 투명하고 자연스럽게 스킨을 표현했다. 눈썹도 진하거나 강하지 않고 자연스럽게 그렸다. 눈 화장과 입술의 색채는 절제된 형태로 표현했으며 얼굴의 건강미를 위해 핑크, 산호색, 갈색 등을 가볍게 더했다.

이와 함께 다양하고 개성적인 스타일이 나타나고, 과거의 메이크업 특성들이 복고 바람을 타고 다시 유행했다.

네일 상품이 다양해져 유행색이 있었으며, 특히 이 시기에는 샤넬의 루즈 느와르 색상의 네일 폴리시가 큰 인기를 끌었다.

11
2000년대 이후

새로운 천년을 맞이하면서 세계화는 더욱 빠르게 진행되며 인류의 공존을 위한 박애주의와 자연을 중요시하는 웰빙 시대를 개막하게 되었

디 자 인 사 고 찰

글로벌리즘

'세계화globalism'를 의미하며 세계는 하나의 지구임을 강조한 시대적 흐름에 대한 사조이다. 글로벌리즘은 모든 사람들의 생활 변화에 기반을 두고 '전자통신과 교통수단의 발달'과 '인터넷의 급속한 확산'으로 인해 전 세계의 문화권이 하나로 묶어지며 시간과 공간의 기존 의미를 재조명하게 했다.

　글로벌리즘 안에서는 모든 문화나 정보들이 서로 공유되며 확산되는 현상을 보여준다. 이 현상은 지구의 문화적 거리의 무의미함을 의미하며, 세계적 경향의 확산이 빨라지고 유행의 흐름도 빠르게 쇠퇴한다는 뜻이다. 1990년대 과학기술의 놀라운 변화는 글로벌리즘을 통해 세계화·국제화시대의 개막을 알리게 된다.

글로벌리즘을 통해 하나되는 지구

다. 이 시기는 특정한 양식이 유행하는 전 시대와 달리 과거에 유행했던 것들이 혼합되고 재해석되어 다양화되며 과거로의 재창조를 통해 새로움을 표출되었다. 정형화·획일화의 틀에서 벗어나 언제나 새로움을 받아들이는 사회적 현상이 배가되고 전통과 미래가 공존할 수 있는 분위기가 형성되어 모든 분야에서 다양성이 인정되었다. 과학기술의 발전은 디지털 현상을 도래하게 했으며 그 파급으로 시공간의 경계가 모호하면서 자유로운 현상이 드러나게 되었다. 급성장하는 과학발전은 새로운 미디어를 이용한 아트new media art를 형성하게 하며 모든 다양성이 열려 있는 시대이므로 그 예술성을 인정받게 되었다. 또한 이전 시대의 에콜로지 개념이 확대되어 계속 나타났다.

이 시기에는 대중매체와 인터넷의 발달로 인해 유행의 흐름이 빨라지면서 개인적이고 개성을 강조하는 다양한 헤어스타일이 공존하는 것을 알 수 있다. 매 시즌 새로운 스타일을 탄생시키는 것보다 기존에 유행했던 스타일을 조금씩 변화시켰다. 젠 스타일, 자연스러운 웨이브, 비대칭 라인, 히피와 펑크의 헝클어진 머리, 풍성한 앞머리 보브라인, 여성성을 강조하는 부드럽고 자연스러운 볼륨 헤어 등 다양한 스타일이 나타났다. 또한 1990년대부터 이어진 자연주의 성향에 의해 건강한 삶을 위한 웰빙 문화가 생성되었으며, 웰빙은 헤어 케어의 시대를 도래하게 하여 탈모와 두피에 대한 관심이 높아지게 되었다.

2000년대 여성의 헤어스타일

2000년대 여성의 메이크업

웰빙 문화는 화장품과 메이크업에 많은 영향을 주었다. 천연 원료를 사용한 친환경적 오가닉 뷰티 제품들이 출시되어 미백이나 주름 개선 등의 기능성이 가미된 화장품이 선호되었다. 여성의 메이크업은 결점을 보완하면서 피부 톤을 최대한 자연스럽게 하는 피부 표현이 중시되었다. 매끄러운 피부의 촉촉한 느낌을 살리기 위해 화장품을 적당량 사용하고 가볍게 표현하여 자연스러움을 표현했다. 눈썹과 입술은 최대한 자연스럽게 살렸다. 이 시기는 과거 1910년대부터 1990년대까지 시행한 메이크업 기법들을 새롭게 해석하여 제시한 것이 특징적이다. 1950년대의 오드리 헵번 스타일, 폭시 아이 눈 화장, 1960년대의 트위기 메이크업 등을 적용하여 새로운 형태나 색조를 이용한 트렌드로 제시했다.

네일 제품은 이제 명품 화장품 브랜드에서도 출시·판매되며 여성의 뷰티 품목으로 자리를 잡았다. 네일 폴리시 색상은 매우 다양해져서 선택의 폭이 넓어졌다. 네일 아트도 매니큐어, 인조손톱, 오브제를 이용하는 등 개인이 선택할 수 있는 폭이 넓어졌으며 개성적 표현이 가능해졌고 활용 범위가 확대되고 있다.

디자인사 고찰

뉴미디어 아트

뉴미디어 아트new media art는 21세기의 시각예술 혁명으로 현대미술의 새로운 흐름으로 나타난 것이다. 이것은 인터넷 디지털 기술을 사용하는 미술로서 컴퓨터 기반 멀티미디어와 디지털 과학기술을 사용하는 시대적 흐름을 반영한 미술 양식이다.

기술의 발전은 다양성과 혼재성을 가져오며 매체와 매체의 결합을 이루게 한다. 이러한 현상들은 단순한 결합과 혼합이 아닌 고유의 정체성과 본질을 통해 발전된 형태로 이해할 수 있다. 1990년대 이후 새로운 미술을 추구하고 드러난 기대감을 통해 인간의 감성과 감각에 변화를 가져온 디지털 과학기술을 바탕으로 하는 새로운 양식이다.

뉴미디어 아트의 대표적인 작가로는 제프리 쇼, 빌 비올라와 백남준을 들 수 있다.

뉴미디어 아트의 대표 작가,
제프리 쇼의 '읽기 쉬운 도시'

퍼스널 컬러

퍼스널 컬러는 자신이 태어날 때부터 지니고 있는 고유 이미지에 가장 어울리는 색을 의미한다. 개인의 피부, 모발, 눈동자 등의 고유한 색은 멜라닌갈색, 카로틴노란색, 헤모글라빈빨간색의 분포에 따라 달라진다. 저마다 타고난 색을 강조하고 개성을 파악하여 조화를 이룰 수 있는 색으로 퍼스널 컬러를 진단한다. 이 색을 이용하여 얼굴색과 얼굴형을 보완하고 장점을 극대화시켜 긍정적이고 자신감 있는 이미지를 연출할 수 있다.

1
퍼스널 컬러의 진단과 분류

퍼스널 컬러를 쉽게 알아볼 수 있는 방법은 햇빛에 노출이 잘 안된 팔 안쪽, 귀 뒤, 가슴이나 허벅지를 진단하거나 색감이 있는 천, 주얼리, 립스틱 색 등을 이용하여 자신의 피부 톤을 알아볼 수 있다.

기본적으로 퍼스널 베이스 컬러를 따뜻한 색warm과 차가운 색cool으로 구분한 후 신체 색상 간의 대비와 강도에 따라 계절유형봄, 여름, 가을, 겨울으로 나누어 분석한다.

표 20 색에 따라 다른 피부 진단

구분	따뜻한 색	차가운 색
피부 특징	안쪽 손목에 초록빛의 혈관색, 햇볕에 잘 타고 어둡게 타는 편, 봄 타입, 가을 타입	안쪽 손목에 파란빛의 혈관, 햇빛에 빨갛게 익는 피부, 여름 타입, 겨울 타입
피부색	옐로 베이스의 베이지, 아이보리, 브라운	블루 베이스의 핑크빛
입술색	오렌지톤	핑크톤
주얼리 컬러	골드, 아이보리	실버, 흰색
이미지	부드럽고 화사한 분위기	강하면서 여성적 이미지

어울리는 색	어울리지 않는 색
얼굴이 화사해 보인다.	얼굴이 칙칙해 보인다.
혈색이 좋아 보인다.	푸른빛이 돌고 창백해 보인다.
잡티가 옅게 느껴진다.	잡티가 짙게 보인다.
인상이 부드럽고 젊게 보인다.	인상이 강하게 보인다.
볼의 붉은 기가 옅어 보인다.	볼의 붉은 기가 짙어 보인다.
건강해 보인다.	피부색의 통일성이 없다.

1단계 따뜻한 색warm color·차가운 색cool color의 피부 진단은 표 20과 같다. 2단계 계절 타입은 봄, 여름, 가을, 겨울 네 가지로 분류된다.

봄 타입

봄 타입spring의 사람은 생동감이 있는 느낌, 밝고 화사한 분위기로 귀여운 이미지가 있다. 발랄하고 상큼한 느낌을 주며 안색이 밝고 환한 톤으로 주로 맑은 톤의 밝은색이 잘 어울린다.

피부는 노르스름하면서 베이지 빛이 감돌거나 붉은 빛이 감도는데

표 22 봄 타입 메이크업 색상

베이스	눈	치크	입술
아이보리, 옐로, 베이지	밝은 색, 기본 색, 중간 색, 짙은 색	산호 빛의 핑크, 오렌지	핑크, 코랄, 오렌지, 피치 계열

매끄럽고 맑으며 투명하다. 피부가 얇은 편으로 얼굴에 주근깨나 잡티가 생기기 쉽다. 눈은 노란빛을 띠며 진하고 연한 갈색을 동반한다. 헤어 역시 노란빛이 감도는 갈색, 다갈색으로 나타나며 두피에는 밝은 노란빛이 나타난다.

헤어스타일은 생동감이 있는 층이 난 굵은 웨이브 스타일이나 단정한 단발 스타일이 잘 어울린다. 패션 스타일은 캐주얼, 귀엽고 로맨틱한 이미지, 스포티한 이미지로 연출한다. 액세서리는 광택이 있는 금속성 재료나 아이보리색 진주가 잘 어울린다.

여름 타입

조용하면서 우아하고 여성적인 이미지를 가지고 있는 여름 타입 summer은 클래식한 느낌을 준다. 부드러운 파스텔 톤이 잘 어울린다. 여름 타입 사람의 피부색은 희고 푸른빛을 지닌 차가우면서 부드러운 톤으로 핑크빛이 살짝 감돈다. 피부색이 다소 붉고 흰 피부가 많아 햇볕에 잘 타지 않으며 붉어진다. 눈에 푸른빛이 도는 색이 많이 보인다. 헤어는 회색빛이 돌며 두피는 흰 빛이 도는 편이다.

표 23 여름 타입 메이크업 색상

베이스	눈	치크	입술
핑크 베이지, 내추럴 베이지톤	밝은 색, 기본 색, 중간 색, 짙은 색	코랄 핑크, 내추럴 브라운, 화이트 핑크, 로즈 핑크	핑크 베이지, 로즈 베이지, 베이지 브라운, 핑크

헤어스타일은 자연스러운 웨이브 스타일, 긴 스트레이트 스타일이나 부드럽고 가벼운 짧은 커트도 잘 어울린다. 패션 스타일은 엘레강스, 내추럴, 페미닌 이미지 연출이 좋다. 액세서리는 은색이나 플라스틱 소재로 만들어진 것이 잘 어울린다.

가을 타입

가을 타입autumn은 세련되면서 부드러운 분위기를 나타내고 차분하면서도 온화한 느낌을 준다. 자연 색이 드러나는 타입으로 풍부한 황금색이 연상되며 중간톤 아래의 색이 잘 어울린다.

　　피부색은 노르스름한 색으로 윤기가 없는 편이며 얼굴에 혈색에 없는 편이다. 봄의 피부색보다 진한 편이다. 햇볕에 잘 타는 편으로 피부가 갈색으로 변한다. 헤어는 황색 빛이 돌고 눈은 갈색 계열로 나타나며 두피는 황색과 갈색이 보인다.

　　헤어스타일은 층이 있는 단발이나 풍성한 스타일, 또는 긴 머리의 웨이브 스타일, 볼륨이 있는 스타일이 잘 어울린다. 패션 스타일은 클

표 24 가을 타입 메이크업 색상

베이스	눈	치크	입술
웜 베이지, 피치 베이지, 내추럴 베이지	밝은 색, 기본 색, 중간 색, 짙은 색	피치 베이지, 코랄, 오렌지 계열	코랄 핑크, 레드 오렌지, 딥레드, 브라운이 가미된 색

래식, 엘레강스, 에스닉 이미지를 표현할 때 좋다. 액세서리는 금색이나 브라운 계열의 자연스러운 소재로 만들어진 것이 어울린다.

겨울 타입

겨울 타입winter은 강하고 도시적인 이미지를 가지고 있으며 차가운 색이 연상된다. 눈의 흰색과 검은색의 대조적인 강한 대비를 통해 또렷하면서 차가운 느낌을 준다. 한색 계열의 선명한 색이 잘 어울린다.

겨울 타입의 피부색은 희고 푸른빛을 지니며 차갑고 창백해 보인다. 피부가 얇은 편이고 투명하게 나타난다. 눈이나 헤어뿐만 아니라 두피까지도 전체적으로 푸른빛이 감돈다.

헤어는 잘 정리된 형태로 단정한 단발이나 심플하고 라인이 정확한 스타일이거나 비대칭적 스타일도 잘 어울린다. 패션 스타일은 모던, 댄디 이미지가 어울린다. 액세서리는 광택이 있는 은색이나 투명하고 밝은 톤이 좋다.

표 25 겨울 타입 메이크업 색상

베이스	눈	치크	입술
화이트 베이지, 핑크 베이지톤	밝은 색, 기본 색, 중간 색, 짙은 색	그레이시 빛의 핑크, 오렌지	브라운 레드, 퍼플 레드 계열

표 26 계절별 피부 유형

구분	봄	가을
	따뜻한 색	
특징	밝고 화사한 귀여운 이미지	세련되고 부드러운 인상
피부	아이보리, 붉은빛, 베이지, 크림색	골드, 구리빛, 붉은 갈색
눈	노란빛 갈색	황갈색, 어두운 갈색
헤어	노란빛의 갈색 헤어	황갈색빛, 진한 갈색 오렌지빛, 붉은 갈색
두피	밝은 노란빛	황색과 갈색
구분	여름	겨울
	차가운 색	
특징	낭만적인 여성적 이미지	강하고 도시적인 이미지
피부	얇은 피부, 핑크빛 로즈 베이지, 페일 베이지	푸른빛의 피부, 로즈 베이지, 브라운
눈	푸른빛이 도는 색	짙은 청색, 푸른빛, 갈색, 검은색
헤어	회색빛, 갈색, 골드블론드, 흰색, 부드러운 검은색	푸른빛의 흰색이나 갈색
두피	흰빛이 감도는 붉고 노르스름한 색	푸른빛의 흰색, 노르스름한 색

2
퍼스널 컬러의 효과

사람과 색과의 관계를 이해하고 분석하여 색채를 통해 조화를 이루어 내는 것이 주목적이며, 이로 인해 자신의 개성을 표출하고 이미지를 연출해 내는 방법으로 퍼스널 컬러를 활용하고 있다.

퍼스널 컬러를 활용 시 나타나는 생활 속의 효과는 다음과 같다.

첫째, 사람들을 돋보이게 해주는 컬러 타입을 구분해 준다.

둘째, 자신과 어울리는 색을 이용해서 이미지에 어울리는 스타일링을 해서 자신감을 가질 수 있다.

셋째, 의상 및 장신구의 구입 기준이 좋아하는 색에서 어울리는 색으로 변화되며 디자인과 컬러가 결합되어 개성 표현력이 상승한다. 첫 만남에서 긍정적이고 기억에 남는 이미지를 주거나 그러한 이미지를 만들 수 있다.

넷째, 불필요한 비용을 줄일 수 있다.

CHAPTER 3

THINKING

뷰티 디자인 생각하기

틀에서 벗어나기 | 상상력과 창의력 | 생각의 기법

틀에서
벗어나기

디자인은 생각에서 출발한다. 생각 없는 디자인이란 존재할 수 없다. 디자인은 생각이고 정신의 문제이다. 인간에 대한 남다른 생각과 올바른 이해만이 더 좋은 디자인을 만들어내고 위대한 디자인은 우리 마음과 생각 속에서 잉태되고 탄생한다.

생각이 바뀌게 하려면 우리가 보는 눈을 달리해야 한다. 무언가를 보는 눈이 달라지면 자연히 그에 따른 생각도 달라지기 때문이다. 생각을 탄생시키는 힘은 새로운 관점으로 대상을 보는 능력을 통해 새로운 발견을 낳게 하는 데 있다. 다르게 보는 것, 이것은 일반적으로 '낯설게 생각하기'라는 의미로 익숙한 생각에서 벗어난 시각과 생각이 필요하다. 복잡하고 다양한 현시대에 필요한 디자인은 획일적인 측면을 극복한 조화로운 창조, 비전을 제시하는 개념이 점점 강조되고 있다.

1
무엇을?

디자인 현상은 디자인 문제를 전제로 성립되며, 문제는 어떻게 해야 목표에 도달할 수 있는지를 모르고 있는 상황 혹은 전혀 해결점을 못 찾고 있는 추상적 과제를 말한다. 이러한 다차원적인 문제 상황에서 디자인은 목적지향적인 활동으로 진행되며, 이것은 추상적 일반 원리에서 구체적 대상 및 가치로 향하는 일련의 과정이다. 이러한 문제 해결이라는 목적을 달성하기 위해 진행되는 복잡한 인지적 과정은 여러 단계를 거치며 해결 방법을 진행한다.

과거 산업사회의 디자인은 제품을 만들어 내는 것, 즉 산업디자인 명목으로 이루어지는 인간을 둘러싼 모든 인공물들을 디자인하는 생산 활동이 주를 이루었다. 그러나 현시점에서의 디자인 목적과 문제

들은 단지 인간을 위해 존재하는 형태와 기능만이 있는 제품이 아니라 그 안에 내재된 또 다른 '무엇을' 동시에 디자인하는 것이 중요한 관건이다. 현대인의 각기 다른 요구에 의해 다양성이 만들어지고 사용자 요구에 맞는 제품을 디자인하기 위한 노력, 시도들이 나타나고 있다. 이제 디자인은 개인적이고 감성적인 삶의 섬세한 가치를 표현해야 한다. 이는 현시대 맞춤형 디자인의 '의미'를 등장하게 한다.

2
어떻게?

심리학에서는 인간의 사고 유형을 크게 두 가지로 구분하고 있는데, 그 중 한 가지는 경험이나 일정한 틀이 없이 사고의 영역을 확산시켜 명확한 답이 아닌 다양한 답을 구하려는 유형이다. 예술적 사고라고 하며, 이 유형의 사고자는 상상적 측면, 가상적 측면, 직관적 측면, 심미적 측면, 발명적 측면이 뛰어나다. 이런 사고 유형을 발산적 사고divergent thinking, 상상적 사고imaginative thinking, 수평적 사고lateral thinking라고 부른다.

또 다른 한 가지는 일정한 논리적 과정을 따라 정확한 답을 얻기 위해 검증하는 사고방식이다. 이러한 것은 과학적 사고이다. 이 유형의 사고자는 분석적 측면, 논리적 측면, 이성적 측면, 수리적 측면, 발견적 측면이 발달되어 있으며, 이러한 사고 유형을 수렴적 사고convergent thinking, 합리적 사고reasoning thinking, 수직적 사고vertical thinking라고 한다.

발산적 유형은 형식에 얽매이지 않은 자유로운 사고를 통해 나타나는 예술 지향적 유형이다. 주어진 정보에 대해 다양한 답을 창출하도록 유도하는 생각 기법으로 매우 감성적이고 확산적이며 창조적이다.

수렴적 유형은 여러 가지 답을 요구하지 않고 하나의 정답이 있는 문제로 과학 지향적이라고 할 수 있다. 찾아낸 여러 가지 정보들을 일정한 방향으로 분석하고 종합하여 정답, 혹은 가장 적절한 답을 생각해내는 것으로 분석적·논리적이며 종합적인 성향을 강하게 띄고 있다.

3
왜?

창의적인 생각은 디자인에서 가장 많이 언급되는 것이다. 창조성은 개인에게나 사회에서 새로운 아이디어를 가지고 놀랄 만한 세계를 만드는 원천이다. 창조성은 전인격적인 두뇌활동의 산물로 감수성, 상상력, 직관에서 비롯된다. 특히 창의력은 불가능을 가능케 하는 변화를 일으키는 원천으로 독창적인 아이디어를 만들어내는 힘이다. 이것은 불가사의한 재능도 아니며 특별한 능력도 아닌 모든 사람에게 존재하는 특성이다. 그러나 그것을 어떻게 키워 나가는지는 개개인에게 달려있다.

창조적 사고는 어떤 아이디어를 착상하려 할 때 우선 확산적 사고에 의해 여러 가지 방안을 임의로 조립·선별한다. 그 다음 수렴적 사고를 통하여 여러 조건 중에서 하나의 아이디어를 통합시켜 보다 나은 아이디어로 발상할 수 있는 단계적 사고를 한다. 창의적인 사고는 단순히 새로운 것을 만들기 위한 과정이라기보다는 이미 존재하는 것의 형식을 분석하고 그 분석된 요소들을 재결합하고 재구성하며 기존의 문제점을 개선하고자 하는 사고 행위를 말한다. 즉 진정한 의미의 창의성은 발산적이고 확산적인 자유로운 사고와 과학적이고 분석적인 사고의 적절한 절충으로 이루어지는 균형적이고 종합적인 사고에서 시작된다. 생각이라는 행위는 본질적으로 공감각이다. 종합적인 생각은 이러한 공감각의 지적 확장으로 나타나는 것이다. 상상하면서 분석하고, 화가인 동시에 과학자가 되는 것이 바로 종합적인 사고의 한 예라고 할 수 있다. 다양성과 유연성이 요구되는 시대의 디자인은 단지 특이하고 튀는 새로운 것이 아닌 자유로우나 적절한 요구를 가진 창의적인 표현을 말한다. 유연하면서도 자유로운 가슴과 예리하고 계획적인 머리를 함께 움직일 수 있는 생각이 필요한 것이다.

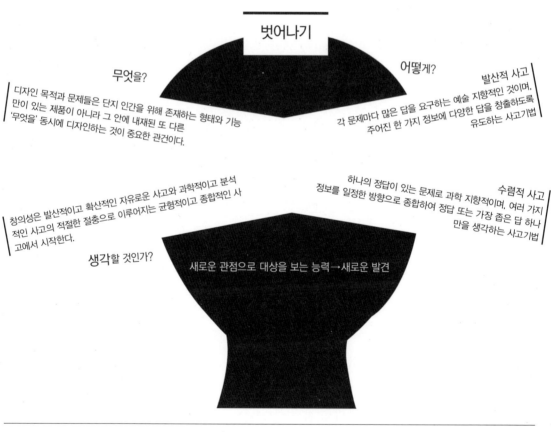

벗어나기

무엇을?
디자인 목적과 문제들은 단지 인간을 위해 존재하는 형태와 기능만이 있는 제품이 아니라 그 안에 내재된 또 다른 '무엇을' 동시에 디자인하는 것이 중요한 관건이다.

어떻게?
발산적 사고
각 문제마다 많은 답을 요구하는 예술 지향적인 것이며, 주어진 한 가지 정보에 다양한 답을 창출하도록 유도하는 사고기법

수렴적 사고
하나의 정답이 있는 문제로 과학 지향적이며, 여러 가지 정보를 일정한 방향으로 종합하여 정답 또는 가장 좁은 답 하나만을 생각하는 사고기법

창의성은 발산적이고 확산적인 자유로운 사고와 과학적이고 분석적인 사고의 적절한 절충으로 이루어지는 균형적이고 종합적인 사고에서 시작한다.

생각할 것인가?
새로운 관점으로 대상을 보는 능력→새로운 발견

벗어나기

상상력과
창의력

시각화된 것이든지 무형의 것이든지 디자인 활동의 상상력은 무한한 영역을 차지하며 새롭고 적절한 요소를 겸비한 창의성을 실현하기 위한 기반을 만들어준다. 상상력을 통하여 자유롭게 발산적인 아이디어를 생성하며, 이를 토대로 새롭고 유용한 것을 만들어낼 수 있는 힘인 창의성을 통하여 놀라운 디자인의 세계를 만들어 가고 있다. 디자인은 창의성이라는 큰 디딤돌을 딛고 있을 때 그 유용함과 아름다움이 더 빛나게 된다.

1
관찰

모든 사람들은 눈을 통해 사물을 바라보며 인지하게 된다. 동일한 환경에서 살고 있는 사람들은 모두 매일 같은 것을 보고 듣는다. 같은 것을 보면서도 사람들은 그 안에서 각자 다른 것을 발견하게 되는데, 이것이 관찰력이다. 동시에 같은 공간에 있거나 같은 사물과 사람 사이에서도 우리는 서로 다른 것을 바라보며 알게 되고 생각한다. 이것이 창의성의 첫 단추인 셈이다. 같은 생활 속에서, 같은 환경 속에서 미처 발견하지 못하고 인지하지 못한 것들을 눈으로 바라보며 생각해낼 수 있는 힘의 근원은 관찰look, 즉 바라보는 것이다.

바라보는 힘은 어려운 일이 아니다. 어린아이들은 어떤 환경에서도, 어떤 사물이라도 언제나 낯선 시선으로 바라보며 그것을 익숙하지 않은 표현으로 설명한다. 이처럼 어린아이와 같이 낯설고 새로운 눈으로 조금 더 깊게 바라보는 것이다. 숨을 멈추고 시간이 멈춘 것처럼 그것만을 통해 그 안을 생각해 보는 것이다. 익숙한 모든 시선과 생각을 내려놓고 낯선 시선으로 새롭게 집중하고 바라보면서 다른 무엇을 생각하고 발견해 내는 것, 그것이 창조력이자 관찰력이다. 관찰을 위해 우리는 다양한 방면의 지식과 원리를 배우고 알아가야 한다.

뉴턴은 떨어지는 사과를 보고 다른 사람들은 생각하지 못한 만유인력을 발견하게 되었다. 그는 과학자이면서 신학, 연금술, 문학 등 다양한 학문에 관심이 있었기에 이러한 사고가 가능했을 것이다. 생각의 틀을 깨는 '생각'은 동시에 다양한 관점과 집중력이 있는 시선으로 관찰을 통해 이루어진다. 누구나 사과가 나무에서 떨어지는 것은 볼 수 있다. 하지만 바라보는 힘, 관찰력을 통해 그 안의 다른 것, 보이는 이상의 것을 보게 되고 생각하게 된다. 그것이 창의적인 생각이다. 창의력은 바라보는 것에서 시작된다.

2
느낌과 감정

느낌feel의 사전적 의미는 어떤 대상이나 상태, 생각 등에 대한 반응이나 지각을 통해 마음속에 일어나는 기분으로 몸의 감각이나 마음으로 깨달아 아는 것을 말한다. 감정도 어떤 일이나 현상, 사물에 대하여 느끼는 심정이나 기분으로 영어권에서는 'feeling, sense, impression, sensation, sentiment, emotion, passion' 등으로 표현하는데, 외부 자극에 대한 반응으로 마음과 몸의 감각과 인지적 반응이 수반되는 것을 알 수 있다. 디자인에서의 느낌이란 외부자극에 대한 종합적인 가치를 판단하고 결정하는 각 개인의 주관적 실체로 디자인을 포함하는 전 예술 영역에서 중요하게 다루어져야 하는 대상이다. 생각의 시작이며 인간의 내면이 드러나는 감성적이고 본능적인 현상인 느낌과 감정은 지극히 개인적이고 주관적인 성향을 강하다. 디자인적 사고에서 미비하게 드러나는 것이나 현시대에서 간과해서는 안 될 디자인의 창의적 사고를 위한 특성이라 할 수 있다. 과학적 사고가 요구되는 현시대에서 개인적이고 가늠할 수 없는 다양성을 가진 느낌과 감정은 색다른 창의적인 면모를 표출할 수 있는 새로운 시작점으로 다시 해석되고 있다. 또한 느낌은 개인의 삶의 가치를 우선시하는 디자인을 감성적으로 표현하는데 필요한 기초적인 해석으로 이해되고 있다.

인간이 생각할 수 있게 하는 가장 기초적이고 근원적인 행위인 느낌과 감정은 디자인을 끌어낼 수 있는 시작이며, 인간적인 취향을 설명할 수 있는 요소로 인지될 수 있다.

3
직관

직관intuition이란 어떤 지식이나 현상을 편견, 선입견 또는 의문의 제기 없이 받아들여 즉각적으로 판단하는 것이다. 대상을 보고 '좋다' 또는 '나쁘다'고 바로 느끼는 것은 곧 직관의 작용이다. 또한 사물을 볼 때 추리를 하지 않고 경험 그 자체로 대상을 직접적으로 본다는 뜻이다. 다시 말해서 직관은 완전하지 않은 모양이나 육감, 느낌, 시각적 영상 등을 근거로 순간적으로 통찰하는 것을 의미한다. 인간에게 내재하는 유기적 특질인 직관은 논리적이고 이성적인 합리적 특질과는 상반된다. 직관은 감성적이고 잠재적인 방법의 가치체계이다. 이것은 자연에 순응하며 자연과의 조화를 추구하며 정신적인 가치를 중시하는 정적인 문화이다.

비슷한 의미로 인식된 본능과는 차이가 있다. 본능은 선천적으로 타고난 것이며 직관은 경험이나 교육에 의해 후천적으로 체득되는 것이다. 본능은 가슴에서 나오고 직관은 머리에서 나오는 것이다. 이는 눈에 보이지 않는 요소들을 파악하여 전체적인 개념이나 이미지를 쉽게 설명할 수 있는 능력이다.

　인간의 삶 속에서 철저하게 개인적인 느낌이나 감정들, 그리고 집단 안에서 느끼고 알아가는 관계들 속에서 직관은 자신도 모르는 사이 자기 안에서 형성되어 본능처럼 원래 가지고 있는 특성으로 오인하기도 한다. 이같이 인간의 내재된 경험과 함께 드러나는 직관력은 과학적인 분석으로도 알 수 없는 어떤 것을 감지하기도 한다. 풍부한 지식과 과학적 분석을 벗어나 직관에만 의지한 디자인은 위험성이 있을 수 있다. 그러나 직관은 디자인에 '무엇'을 넣을 수 있는 양념과도 같아서 배제할 수 없는 부분이기도 하다.

4
통찰

'꿰뚫어보는 능력'은 한자어로 '洞察力', 영어로는 'insight'이다. 그 의미는 안in을 들여다본다sight는 말이다. 여기서 '안'은 이면裏面을, 그 반대인 '밖'은 현상現想으로 겉으로 드러난 것을 의미한다. 밖으로 드러나는 것은 보려고 하면 보인다. 하지만 이면은 안으로 숨어 있어 잘 보이지 않으므로 이면을 보기 위해서는 안을 보는 능력이 필요하다. 현시대의 디자인은 형태를 위주로 혹은 기능만을 위주로 하는 단편적인 성향을 벗어나 다양성을 겸한 디자인을 요구하고 있다. 기능만을 요구하는 디자인이 아닌 인간의 감성을 움직이는 디자인을 요구하는 시대에 통찰력은 인간과 사물에 대한 새로운 관점을 제시하여 섬세하고 색다른 관찰을 해내며, 그 이면을 표현해 낼 수 있는 강한 힘을 가지고 있다. 눈에 보이지 않는 것을 관찰해 내는 행동은 쉬운 일이 아니다. 오랜 경험과 교육, 다양한 활동을 통해 인간은 직관력과 함께 통찰력을 쌓을 수 있게 된다. 직관과 통찰은 마치 친구처럼 붙어 있어 같이 드러난다.

과거에는 자연 현상처럼 초인간적인 현상들을 기이하게 여기며 두려워하던 일들도 이제는 과학기술로 인해 분석하고 자료화할 수 있게 되었다. 인간의 눈으로 기이한 현상을 확인하고 원인을 알게 되면서 다른 모든 상황들도 미리 알아볼 수 있는 시대가 되어버렸다. 눈으로 보고 확인할 수 있고, 모든 현상들을 분석해내면서 결과를 예측할 수 있는 시대에 통찰력은 매우 중요하다. 통찰력은 눈에 보이지 않는 것들을 읽어낼 수 있는 능력이므로 형태와 기능만을 중시하는 경향을 넘어 인간을 위한 디자인을 표현할 때 간과해서는 안 되는 감성적 부분이라고 볼 수 있다.

또한 직관과 통찰을 통해 디자인을 표현한다면 과학적이고 지식적인 디자인, 차가움을 가진 디자인 안에 인간의 숨결을 불어넣을 수 있게 된다.

이같이 인간의 모든 생각은 수많은 진행과정을 거치는 것처럼 보이지만 마치 동시적으로 나타나 순간 번득이는 어떤 것으로 드러나기도 한다. 바라보면서 느끼고 그 안에 감정을 형성하여 자신의 피부처럼 세포화되어 있는 내적인 직관과 통찰이라는 힘으로 새롭고 낯설지만 두렵지 않은 어떤 생각을 만들어 내는 것이다.

우리는 첫 시작을 항상 중시한다. 시작이 좋으면 끝을 잘 맺을 수 있다는 경험을 통해 나타나는 행동이다. 생각을 떠올린 수많은 상상 속에서 맺어지는 창의력은 우리의 눈을 통해 바라보는 행동부터 시작하는 것이다. 새로운 생각은 특이한 무언가를 통해 떠오르는 것이 아니라 내가 살고 있는 세상 속, 내 옆 가까운 일상 속에 있다는 것을 기억하자. 그러므로 창의력은 위대한 사람들에게만 나타나는 거창한 일이 아닌 모든 이에게 나타날 수 있는 일상적인 일인 것이다.

관찰
창의성의 첫 단추

모든 사람들은 눈을 통해 사물을 바라보며 인지하게 되며, 창의력은 바라보면서 시작됨

느낌·감정

외부 자극에 대한 종합적인 가치를 판단하고 결정하는 각 개인의 주관적 실체

직관

경험이나 교육에 의해 후천적으로 체득되는 것으로 어떤 지식이나 현상을 편견, 선입견 또는 의문의 제기 없이 받아들여 즉각적으로 판단함

통찰

모든 현상들을 분석해내며 결과를 예측할 수 있는 시대에 눈에 보이지 않는 것들을 읽어낼 수 있는 능력

상상력과 창의력 표현하기

생각의 기법

생각의 여러 기법은 크게 두 가지 개념으로 설명할 수 있다. 사실이나 아이디어를 우선 될 수 있는 데로 많이 산출해 내는 것에 중점을 둔 사고 기법으로 발산적 생각이라고 한다. 각 문제마다 많은 답을 요구하는 예술 지향적인 것이며, 주어진 한 가지 정보에 다양한 답을 창출하도록 유도하는 매우 감성적인 사고이다. 또 다른 개념으로는 이미 드러나 있는 것, 즉 발산적 생각을 통해 얻은 아이디어를 분류하고 분석하여 가장 효율적인 대안을 끌어내는 수렴적 생각이다. 수렴적 사고를 할 때 주의해야 할 사항은 긍정적 판단이다. 아이디어나 정보를 분석하고 평가해 나가는 과정에서 그것을 제거하기보다 더욱 개발하는 방향으로 다듬어 가야 한다.

두 가지 개념은 각기 따로 인정되는 것이 아니라 서로에게 영향을 주며 서로의 자리를 공유하여 종합적인 하나의 무언가를 표현해낸다. 하지만 생각에만 그치게 되면 아무 것도 잡을 수 없는 바람처럼 사라져 버리게 된다. 생각을 표현하고 드러낼 수 있는 감각까지 함께 나타내는 것이 디자인을 위한 생각의 힘이다.

1
브레인스토밍

미국 광고회사 BBOD의 오스본Alex F. Osborn 사장이 고안한 방법이다. 좀 더 창의적인 아이디어를 내기 위해 어떤 주제에 대해 확산적 사고로 가능한 많은 아이디어를 표출하게 하여 그 중에서 좋은 아이디어를 찾아내는 것이 목적이다.

브레인스토밍brainstorming은 두 가지의 원칙과 네 가지의 기본 규칙이 있다. 두 가지 원칙은 다음과 같다. 판단의 유보deferred judgment는 판단

적 사고를 극복하고 창조적 사고의 발상을 유발하는 목적이고, 양은 곧 질quantity bears quality, 즉 많은 양의 아이디어를 통해 해결의 가능성을 높인다는 것이다. 두 가지 원칙하에 입각한 네 가지의 규칙은 다음과 같다.

첫째, 비평은 금물이다. 가장 중요한 규칙으로 설령 황당한 아이디어라 해도 평가적 언행과 판단적 사고를 삼가야 한다.

둘째, 어떤 자유분방한 아이디어라도 환영한다. 아이디어가 나오는 동안에는 모든 제한사항이라도 완화되므로 어떠한 아이디어라도 제출될 수 있도록 분위기를 형성한다.

셋째, 가급적 많은 양의 아이디어가 요구된다. 많은 아이디어는 더 좋은 해결안을 발견할 가능성을 높여준다.

넷째, 이미 제출된 아이디어들의 조합하거나 활용하고 개선한다.

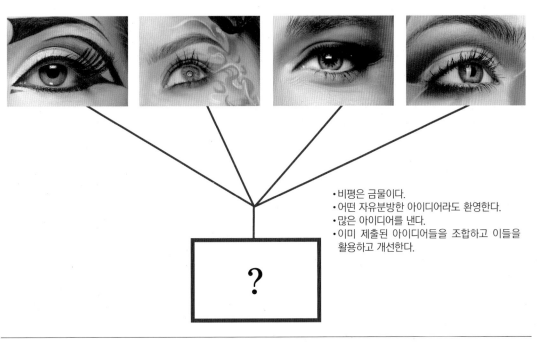

• 비평은 금물이다.
• 어떤 자유분방한 아이디어라도 환영한다.
• 많은 아이디어를 낸다.
• 이미 제출된 아이디어들을 조합하고 이들을 활용하고 개선한다.

?

브레인스토밍

다른 아이디어들을 통해 더 좋은 점을 조합하거나 이 아이디어를 통해 연상되는 다른 아이디어를 발상하여 더 좋은 아이디어를 제출해야 한다.

브레인스토밍의 근본은 자유연상을 바탕으로 한다. '연상'이란 연결된 상상력이라는 키워드에 의한 기억재생 과정이라고 할 수 있다. 하나의 관념을 통해 그와 비슷한 다른 관념들을 계속 나타나게 하는 것으로 자유롭게 무한한 어휘 지식을 얻을 수 있는 반면, 너무 무제한적으로 확대되어 문제를 잊어버릴 수 있으므로 주의해야 한다.

2
스캠퍼 체크리스트

스캠퍼SCAMPER는 아이디어를 창출하고자 하는 체크리스트이다. 브레인스토밍을 고안한 오스본의 체크리스트를 간단하게 재구성한 창의적 사고 기법이다.

대체substitute

기존 것을 다른 것으로 대체하면 어떻게 될지에 대한 내용이다. '다른 무엇으로, 다른 누구로, 다른 재료로' 등과 같은 것이다. 고정된 시각을 다른 각도로 생각을 이끌어내기 위한 것이다. 예로 우유를 목욕용품으로 대체, 청바지를 가방으로 대체하는 등의 기법을 들 수 있다.

S 대체|substitute
기존 것을 다른 것으로 대체하면 어떻게 될지에 대한 내용

C 결합combine
두 가지 이상을 합쳐서 새로운 아이디어를 개발하기 위한 방법

A 응용adept
어떤 것을 다른 분야의 조건이나 목적에 맞게 응용하도록 생각을 유발하는 방법

M 변형modify · 확대magnify · 축소minify
형태적인 모양을 바꾸거나 확대, 축소하여 새로운 형상을 이끌어내는 것

P 다른 용도put to other uses
기존의 용도에서 벗어나 다른 쓰임새의 가능성

E 제거eliminate
없애거나, 줄이거나 일부분을 제거하여 생성해 낼 수 있는 것

R 뒤집기|reverse와 재배열rearrange
순서나 모양을 뒤집거나 거꾸로 하는 형식으로 다시 배열하여 새로운 것을
생성해 내는 방법

스캠퍼

결합combine

두 가지 이상을 합쳐서 새로운 아이디어를 개발하기 위한 방법으로 '새로운 무엇과 결합시키면'과 같은 의미이다. 핸드폰에 카메라를 단 제품, 시계와 핸드폰의 결합, 청소기와 물걸레의 결합, 린스와 샴푸의 합체, 에어컨과 공기청정기의 결합, 복사와 팩스기의 기능적 결합 등을 예로 들 수 있다.

응용adept

어떤 것을 다른 분야의 조건이나 목적에 맞게 응용하도록 생각을 유발하는 방법으로 '비슷한 것은 다른 무언가와는 어떤 측면이 적용되나?, 과거의 무언가와 비슷한 것은?' 등과 같은 유도 질문으로 응용력을 만들어 낸다. 주전자의 원리를 이용한 물뿌리개, 소형 비디오카메라를 실물 화상기로 이용한 제품, 조명 램프를 적용한 살균 램프, 페트병을 이용한 물 로켓 등을 예로 들 수 있다.

변형modify·확대magnify·축소minify

형태적인 모양을 바꾸거나 확대·축소하여 새로운 형상을 이끌어내는 것을 의미한다. 엠보싱 화장지, 꼬부라진 물파스, 바람개비를 크게 한 풍차, 축소한 화장품 샘플 용기 등을 예로 들 수 있다.

다른 용도put to other uses

기존 용도에서 벗어나 다른 쓰임새의 가능성을 생각하여 새로운 기능이나 형태를 발상하는 방법이다. 유모차를 노인용 지팡이와 바구니로 사용, 나무젓가락을 비녀로 사용하는 것을 예로 들 수 있다.

제거eliminate

없애거나 줄이고 어떤 일부분을 제거하여 생성해 낼 수 있는 것으로 새롭게 표현할 수 있다. 칼날 없는 레이저 칼, 무선 다리미, 씨 없는 수박, 3단 접이 우산, 얇은 벽걸이형 TV 등을 예로 들 수 있다.

뒤집기reverse와 재배열rearrange

순서나 모양을 뒤집거나 거꾸로 하는 형식으로 다시 배열하여 새로운 것을 생성해 내는 방법이다. '거꾸로 하면', '역할을 바꾸면', '순서를 바꾸면', '원인과 결과를 바꾸면' 등으로 생각해 볼 수 있다. 페달을 뒤로 밟아도 앞으로 가는 자전거, 병뚜껑이 아래에 있는 화장품 용기, 양말에서 창안된 벙어리장갑, 발가락양말, 버스 앞쪽에 있던 엔진을 뒤쪽으로 옮기기 등을 예로 들 수 있다.

3
속성열거법

속성열거법attribute listing은 1930년대 네브래스카대학교의 교수인 로버트 크로퍼드Robert Crawford가 고안한 기법이다. 주어진 문제의 속성을 나열하여 기존 것과는 다른 개념이나 원리를 다른 방법으로 결합하거나 수정하여 새로운 아이디어를 이끌어낸다. 즉, 아이디어에 대한 문제를 제거하거나 감소시키기 위해 문제에 관련된 필수적인 속성을 검사하여 그 속성을 변경하는데 사용한다. 속성은 명사적 특성재료, 제조법 등, 형용사적 특성형태, 성질 등, 동사적 특성기능으로 구분한다.

표 1 속성열거법 예시

구분	열거	변경
명사적 속성	지붕과 벽이 있다. 벽돌이나 시멘트로 딱딱하다. 눈썹이 없다.	지붕이 열리면? 벽이 투명하다면? 눈썹이 있다면?
형용사적 속성	방이 여러 개 있다.	방이 한 개라면? 모든 방이 열려 있다면?
동사적 속성	움직이지 않는다.	바퀴를 달면?

$\overline{4}$
강제열거법

강제열거법forced connection method은 서로 연관이 없고 관계없는 사물이나 아이디어를 서로 강제로 연결시켜서 새로운 아이디어를 만들어내는 방법이다. 강제열거법 예시는 다음과 같다.

표 2 강제열거법 예시

구분	결과
사과와 주전자	사과 모양의 주전자
모자와 이어폰	이어폰 달린 모자
바퀴와 신발	인라인 스케이트

5
시네틱스

시네틱스synectics는 1944년 개인의 문제해결 과정을 관찰하고 이와 관련된 심리적 프로세스를 연구하던 윌리엄 고든William Gordon에 의해 개발된 것이다. 시네틱스의 어원은 서로 다르고 관련이 없어 보이는 요소를 합친다는 그리스어이다. 문제를 보는 관점을 완전히 다르게 하여 이것에서 연상되는 점과 관련성을 찾아내어 아이디어를 발상하는 방법이다. 주어진 문제를 분석할 때 유추를 통해 익숙한 것을 낯설게 전환하거나 반대로 낯선 것을 친숙하게 전환해 보는 방법으로 이해를

상징적 유추 예시

더 넓게 키우고 창의적으로 문제 해결을 하려는 목적이 있다. 네 가지의 유추방법을 들 수 있다.

첫째, 직접적 유추direct analogy는 주어진 문제를 전혀 다른 사물이나 현상에 객관적으로 직접 비교하는 방법이다.

둘째, 의인적 유추personal analogy는 '개인적 유추'라고도 한다. 자신에게 주어진 문제라고 생각하고 스스로 해결해야 할 대상으로 상상하며 의인화하여 생각하는 것이다.

셋째, 상징적 유추symbolic analogy는 어떤 대상의 원리나 특성을 상징하는 것이다. 서로 다른 성향을 하나의 미로 형성하여 새로운 특성이나 의미를 만들어 내는 것이다.

넷째, 환상적 유추fantasy analogy는 문제해결을 위한 현실적인 방법보다 환상적인 면을 더욱 부각하여 상상하도록 하는 방법이다. 신선하고 새로운 아이디어를 유추해 낼 수 있는 방법이다.

6
마인드 맵

영국의 심리학자 부전Tony Buzan이 만든 마인드 맵mind map은 주어진 문제의 핵심적 개념들의 상호 관련과 통합적 특성을 한눈에 볼 수 있도록 표현하여 창의적 사고를 이끌어내고자 하는 방법이다. 아이디어를 주제별로 묶어서 선으로 연결 지으면서 방사적으로 표현하는 것이다. 이때 아이디어들은 서로 관계를 쉽게 파악할 수 있게 해야 한다. 이 방법은 많은 아이디어를 단시간에 발상해 낼 수 있도록 정보를 집약시켜 내용을 알기 쉽게 보여줄 수 있는 장점이 있다. 다양한 상상과 정보를 시각적으로 표현하는 확산적 사고 기법으로 '생각을 나타내는 지도'라고도 한다. 독특한 이미지와 단어, 색상, 상징적 부호 등을 자유롭게 사용하며 결과보다 과정 자체에 더욱 중점을 두고 있다.

마인드맵 과정은 세 가지로 나누어 살펴볼 수 있다.

중심 이미지 표현

중심 주제를 중앙에 함축적으로 표시한다. 중심 이미지는 함축적인 단어나 상징적인 그림 등으로 표현한다. 이것은 주제를 가장 효과적으로 보여주어 상상력을 자극하는 중요한 부분이다.

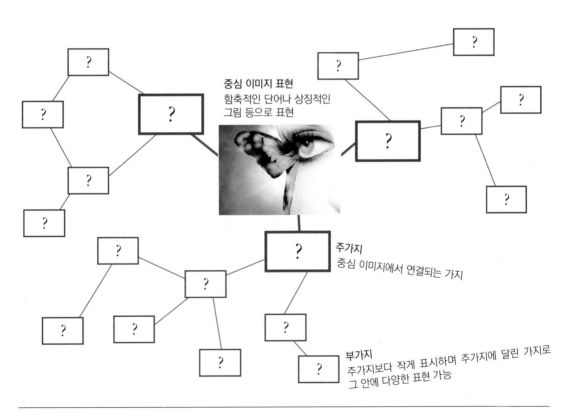

중심 이미지 표현
함축적인 단어나 상징적인
그림 등으로 표현

주가지
중심 이미지에서 연결되는 가지

부가지
주가지보다 작게 표시하며 주가지에 달린 가지로
그 안에 다양한 표현 가능

마인드맵

주가지

중심 이미지에서 연결되는 가지를 말하며 중심 이미지의 주가지는 굵게 표시하고 그 핵심 단어를 함께 기재한다.

부가지

주가지에 달린 가지로 주가지보다 작게 표시하며 그 안에 그림, 기호, 단어 등 다양하게 표현할 수 있다. 두뇌의 양쪽을 모두 사용하는 효과를 볼 수 있다. 많은 표현을 위해 부가지를 계속 연결하여 그려나갈 수 있다.

—
7

역브레인스토밍

역브레인스토밍reverse brainstorming은 핫포인트사Hotpoint에서 개발한 것으로 아이디어를 고안해내는 방법은 브레인스토밍과 비슷하지만 만들어진 많은 아이디어에 대한 비판을 더불어 생성하는 기법이다. 아이디어를 평가하고 수렴하는 사고 기법을 함께 선보이고 있다.

진행방법은 다음과 같다.

첫째, 목표와 문제를 확인한다. 종이에 선정된 아이디어의 목록과 함께 목표와 문제를 제시한다.

둘째, 아이디어에 대한 비판을 생성하고 아이디어가 적힌 종이에 반론을 기록한다.

셋째, 비판된 아이디어를 검토·수정하여 적절한 해결책을 선정한다.

넷째, 선정된 해결책을 실천하기 위한 행동 계획을 세운다.

디자인 작업을 할 때 디자인 콘셉트에 맞는 관련 자료들을 수집한

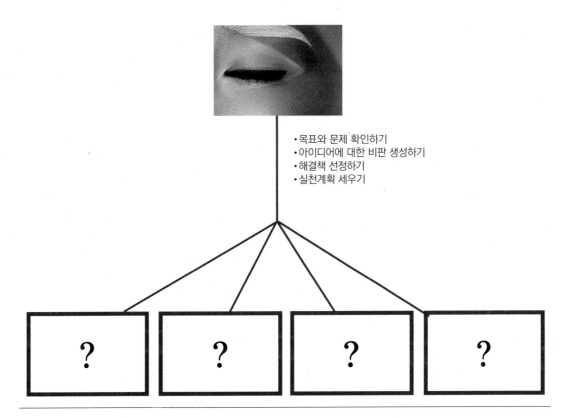

- 목표와 문제 확인하기
- 아이디어에 대한 비판 생성하기
- 해결책 선정하기
- 실천계획 세우기

? ? ? ?

역브레인스토밍

다. 물론 그 과정 안에는 생각하고 관찰하기 과정이 포함된다. 본 생각하기 장에서 제시한 생각의 기법들은 혼자서가 아닌 여럿이 한 팀을 구성하여 토의하면서 생각을 이끌어 내는 것이 더욱 효과적이다. 표현하기 장에서 디자인 프로세스를 설명하고 있는데 이를 위해서 생각하기 과정에서 아이디어 정보 자료에 대한 깊은 고찰이 필요하다.

CHAPTER 4

EXPRESS

뷰티 디자인 표현하기

디자인 프로세스 | 뷰티 디자인 프로세스 | 뷰티 디자인 창조하기

디자인
프로세스

창조적 표현은 관찰에서 얻은 지식의 응용과 조화를 통해 이루어진다. 지금까지 디자인 작업은 설명하기 어려운 특별한 정신적 과정에 의존하는 '직관'으로 이해되었다. 단순한 구상 → 스케치 → 작업의 진행형 절차에 치중된 것이었다. 예술적 수단으로 직관적이고 단순한 행위로만 진행되었던 디자인 활동이 분석적이고 과학적인 전략과 병행되면서 예측 가능하고 실현 가능한 종합적인 측면의 디자인 활동으로 발전하게 되었다. 이에 따라 창조적이고 다양한 표현력을 요구하는 시대적 상황에 따라 디자인 표현을 충족시키기 위한 전략이 필요하다.

디자인은 다양성의 문제를 보기 좋은 시각적 효과로 창출해야 하는 통합적 활동이다. 그래서 디자인에는 수많은 정보를 수집하고 분석·종합하여 아이디어를 실체화하는 디자인 프로세스가 필요하다. 디자인 프로세스는 겉으로 드러나는 디자인 활동과 디자이너의 조직적이고 정신적 과정을 내포하고 있다. 이러한 정신적 과정을 우리는 '문제 해결 과정'이라고 한다. 디자인 프로세스는 디자인 문제 해결을 위한 과학적이고 체계적인 접근을 모색하여 최종적인 해결안을 제시하는 것이다. 그러므로 디자인 프로세스에는 창조적인 사고, 기술적 해결 능력, 경제 및 인간의 가치 추구 등 종합적이고 학제적인 접근이 필요하다. 디자인 문제의 성격에 따라 디자인 프로세스는 달라져야 하므로 획일적인 적용보다 확산적이면서 집중적인 방법과 동시에 종합적이고 통합적인 방법이 필요하다.

예술창조성 연구에 기초가 된 창조과정 4단계는 1926년 미국의 월러스G. Wallas가 창안한 것으로 준비preparation → 숙성incubation → 개발 illumination → 검증verification 단계이며 과학적 문제 해결 과정과 같다.

크리스토퍼 존스Christopher Jones는 디자인 프로세스를 분산divergence → 변환transformation → 수렴convergence의 세 단계로 보았다.

분산 단계에서는 디자인의 한계를 분산시켜 기대되는 해결안의 영역을 넓히고, 변환 단계에서는 앞서 확산된 디자인의 영역 내에서 새로운 패턴을 창조했다. 마지막 단계인 수렴 단계에서는 여러 의사결정 방법에 의해 디자인안을 하나로 좁힌다고 설명했다.

에시모프M. Asimov는 여섯 단계로 나누어 문제 해결 과정을 설명했다. 디자인 문제가 속해 있는 상황을 분석하여 문제를 파악하는 문제 상황의 분석 단계, 목표를 성취하기 위해 디자인 문제를 극복할 수 있는 해결안의 종합 단계이다.

다음으로 주어진 제한점과 유용 가능한 자원 내에서 목표를 가장 잘 해결할 수 있는 안을 선택할 수 있는 결정과 평가 단계, 선택된 해결안을 다듬는 최적화 단계, 해결안의 실제 상황에서 시험을 거치는 수정 단계, 마지막으로 해결안의 실행 단계 과정이다.

이와 같은 디자인 프로세스를 통해 창조과정을 위한 창의성의 폭을 넓히고 그 영역을 단계적으로 확장시킬 수 있다. 예술과 과학의 중간 지점에 놓여 있는 디자인의 과정은 서술한 것과 같이 꼭 순서대로 진행되는 것은 아니며 개인마다 순서가 바뀌어도 상관없고 추가하거나 삭제한 후 작업해도 무방하다.

뷰티 디자인
프로세스

뷰티 디자인은 다른 분야의 디자인 작업과 달리 완성된 형태가 인체 위에서 직접 이루어지기 때문에 다른 디자인과 달리 수정하거나 변경하기 어렵다. 뷰티 디자인은 인간의 실생활과 밀접한 관계가 있으며 개인의 취향과 미적 요구를 담아 창의적으로 표현해야 한다. 뷰티 디자인의 프로세스는 광의적이고 발산적인 사고 과정과 아름다운 시각적 효과를 위한 분석적이고 집약저인 시고 과정을 응용한 통합적 디자인 프로세스여야 한다.

뷰티 디자인 프로세스를 네 가지 단계로 나누어 구성했다. 첫째는 발산적 사고를 중심으로 표현하고자 하는 이미지를 통해 주제나 테마를 설정하는 디자인 준비 단계, 둘째는 디자인 도출을 위한 다양한 발상과 디자인 스케치 작업을 진행하는 디자인 계획 단계이다. 셋째는 수렴적 사고를 위주로 실제 작업을 위해 선택된 디자인의 시안 작업을 진행하는 디자인 표현 단계, 넷째는 실제 작품을 완성하는 디자인 완성 단계의 과정이다.

1
디자인 준비

디자인 준비 단계는 디자인을 표현하기 위해 아이디어를 도출하는 사고 방법으로 흥미와 의욕을 증진시킬 수 있는 결정적인 동기를 유발한다. 문제 해결에 유용한 자료와 단서들을 가능한 최대한 많이 수집하는 것이 중요하다. 자료 수집은 제한점을 두지 않고 우리가 접할 수 있는 환경 안에서 모든 것을 통해 선정할 수 있다. 선정된 모티프들을 기본으로 하여 디자인의 주제, 테마, 표현할 이미지를 간단하고 단순한 스케치로 구성하고 완성할 디자인의 전체적인 구도를 생각하고 진

- 테마나 묘사할 이미지 정하기
- 모티프 선택하기
- 모티프 묘사하면서 이미지 결정하기

디자인 준비과정

행하는 단계이다. 전체를 파악하여 구성요소를 적절하고 효과적으로 배열하며 조절하는 것은 중요한 과정이다. 이러한 작업을 통해 주어진 여러 가지 조건을 이용하여 하나의 질서를 만들어 줄 수 있다. 주제를 효과적으로 표현하는 기초적 자료를 수집하고 전체적인 이미지를 구상하여 주제와 테마를 결정하는 단계로 디자인 과정에 나타날 수 있는 착오를 줄일 수 있다.

또한 디자인의 일관된 흐름이 이어지도록 기초적인 디딤돌 역할을 수행하는 단계이다. 디자인 준비 단계에서는 수집·조사·분석 과정을 거치면서 완성된 작품의 이미지를 위한 디자인 발상의 총괄적인 사고 능력을 요구한다.

_
2
디자인 계획

디자인 계획 단계에서는 준비 단계에서의 아이디어와 모티프들을 활용하여 주제에 맞는 적합한 디자인으로 발상하고 변환하여 스케치하

섬네일	러프 스케치	색채 선정
발상 기법을 활용한 스케치 작업	• 원래 크기로 컬러링	선택한 스케치를 사용하여 색채 도입
• 모티프 이미지를 작게 그리기	• 전체적인 분위기 묘사	• 간단히 채색
• 묘사하면서 이미지 결정	• 세부사항 정하기	

디자인 계획 과정

거나 도식화하는 과정이다. 디자인 콘셉트에 맞추어 아이디어 발상뿐만 아니라 해결 방향을 제시하여 아이디어를 전개하게 된다. 디자인 계획의 아이디어 스케치는 하나의 형상을 구체화하거나 단순화시키는 과정으로 주제에 맞는 이미지를 명료하고 알기 쉽게 표현하는 방법이다. 아이디어를 스케치하는 것은 가장 중요한 포인트를 쉽게 구성하거나 정리하기 위해서이다. 모티프의 다양한 변형과 낙서하듯 떠오르는 생각들을 작은 크기의 스케치인 섬네일 스케치*로 진행하다가 주제에 근접하게 되면 선택한 스케치를 디자인 콘셉트한 러프 스케치**로 표현하게 된다. 콘셉트·아이디어 스케치 작업은 디자인을 단순화시켜 이미지 표현을 위한 색채를 선정하고 디자인의 여러 원리를 통하여 스케치 작업을 진행한다.

* 섬네일 스케치(thumbnail sketch)는 엄지손톱의 의미처럼 생략도와 같다. 종이에 작은 그림을 그려내어 생각을 서술하는 것이다. 여러 가지 생각을 빠르게 표현해 나갈 수 있으며 작은 그림이라 마치 낙서처럼 보이지만 작은 스케치를 그린다는 점이 다르다.
** 러프 스케치(rough sketch)는 대략적으로 그린 그림을 의미한다. 시각 표현의 기초가 되는 드로잉 과정을 통해 디자인을 제작하기 전에 예비적으로 착상을 기록해 두기 위해서 그리는 밑그림으로 아이디어를 수집, 검토, 협의, 평가하기 위한 목적이 있다.

3
디자인 표현

섬네일 스케치나 러프 스케치를 한 다음 헤어, 메이크업, 네일 일러스트레이션nail illustration으로 자세히 표현한다.

표현 단계에서는 작품을 완성하기 바로 이전 단계로 시안 작업을 수행한다. 시안 작업은 다른 말로 모델링, 렌더링 작업, 사전 작업 계획서, 설계도라 한다.

표현 단계에서는 작품을 실제적으로 완성하기 전에 시각적으로 표현해본다. 그래야 작품 완성 시에 발생할 수 있는 시행착오를 줄이고 작업시간을 단축할 수 있다. 이러한 사전 작업은 직접 지면 위에 그리는 일러스트레이션, 드로잉 작업이나 컴퓨터를 이용한 디지털 기법, 입체 모델링 등 다양한 방법으로 가능하다. 이 단계에서는 이미 도출되어 정리된 아이디어를 실제 작업을 위해 정확하게 드로잉하고 컬러링하면서 여러 가지 효과를 조화롭게 만들 수 있도록 하는 것이 중요하다. 시안 작업을 할 때에는 디자인을 형성하는 요소들의 유기적 일체감을 부여하기 위한 구조적 계획을 세우고 조화, 균형, 통일, 강조, 리듬 등의 디자인의 원리를 적용한다. 형태, 색채, 위치 등을 구성하여 디자인을 변화 속의 통일성, 조화로운 아름다움을 표현해내는 것이다.

시안

- 뷰티 일러스트레이션 활용
- 스케치 상태에서 정한 디테일과 색상 확정

디자인 **표현 과정**

디자인 요소와 원리뿐만 아니라 여러 가지 대상이 관계를 형성하며 미적 질서를 이루어 내어 주제를 적절하고 효과적으로 표현하는 것이다. 각 관계의 효과적인 조화를 통해서 주제에 맞는 표현이 이루어졌을 때 좋은 작품이 될 수 있다.

또한 실제 작업에 필요한 다양한 표현기법을 숙지하고 이에 맞는 소재나 색채 등을 선정하는 것이 필요하다. 이러한 사전 작업 계획서는 과정을 통하여 아이디어를 정리하고 정립하지 못한 이미지를 명료하게 표현할 수 있다는 장점이 있다. 이처럼 아이디어를 재정리하는 작업을 거치면서 실제 작품을 제작하기 위한 작업 지시서나 설계도와 같은 시안을 완성하는 단계이다.

$\overline{4}$
디자인 완성과 제작

디자인 결정 단계는 결정된 작품을 제작하는 수행하는 단계이다. 뷰티 디자인의 작품 제작 시 주어진 주제와 테마에 맞는 이미지 연출을 위한 적절한 기법, 기술, 재료와 색채 등 최종적으로 결정된 시안을 이

작품 제작

- 재료 준비 및 작품 제작 완성
- 완성 후 보완점 평가

디자인 완성과정

용하여 작품을 제작·완성시키는 단계이다. 이 단계에서는 많은 수정이나 보완적인 평가보다 완성하는 것을 주목적으로 진행한다. 결정된 작품을 완성한 후 미처 발견하지 못한 미흡함이나 보완점을 평가하고 분석하다 보면 차후 디자인 진행 시에는 도움이 될 수 있다.

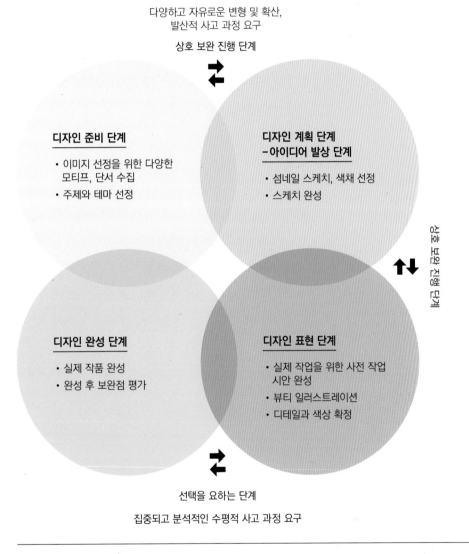

다양하고 자유로운 변형 및 확산,
발산적 사고 과정 요구

상호 보완 진행 단계

디자인 준비 단계
• 이미지 선정을 위한 다양한 모티프, 단서 수집
• 주제와 테마 선정

**디자인 계획 단계
– 아이디어 발상 단계**
• 섬네일 스케치, 색채 선정
• 스케치 완성

상호 보완 진행 단계

디자인 완성 단계
• 실제 작품 완성
• 완성 후 보완점 평가

디자인 표현 단계
• 실제 작업을 위한 사전 작업 시안 완성
• 뷰티 일러스트레이션
• 디테일과 색상 확정

선택을 요하는 단계
집중되고 분석적인 수평적 사고 과정 요구

뷰티 디자인 프로세스

뷰티 디자인
창조하기

뷰티 디자인은 다른 디자인 분야와는 다르게 문제 해결을 위한 것이 아닌 사용자를 위한 표현력 위주로 진행되는 과정이다. 뷰티 디자인은 의도하는 목적이 있으며 결과물의 이미지를 인체에 직접 실행하는 실체화·구체화·시각화시키는 작업이다.

뷰티 디자인의 궁극적인 목적인 아름답게 보이고자 하는 미적 표현이 최적의 가치로 제안되는 특징이 있다. 현대사회에는 다양한 욕구를 충족시키고자 하는 많은 요인이 복합적으로 작용하며 인체에 직접 표현하여 새로운 조형미를 창조하는 작업이다.

뷰티 디자인 프로세스는 제품을 완성해야 하는 디자인 프로세스와 달리 아름답게 보이고자 하는 미적 표현의 발상과 표현력을 중심으로 진행하는 디자인 과정이다.

뷰티 디자인에서 아름다움의 표현은 디자이너의 감성에 의한 것이 아닌 사용자의 취향과 미적 감각을 표출해내는 것을 의미한다. 인간에게 직접 행해지는 작업의 특성으로 인해 인간의 감성을 중시하며 더욱더 개인적으로 반응하고 표현해주어야 하는 민감한 사안이다.

이러한 뷰티 디자인에서는 창조적 표현이 더욱더 요구된다. 이에 앞서 설명된 뷰티 디자인 프로세스 과정을 통하여 메이크업 디자인, 보디페인팅, 헤어 디자인, 네일 디자인 분야 진행 단계를 정리하였다.

메이크업 디자인

디자인 과정	주제 – 3차원 선

---

1. 디자인 준비

선을 이용하여 3D 모델링 같은 느낌을 표현했으며 사람 얼굴의 구조적인 느낌을 묘사했다. 선의 다양한 굵기를 이용하여 리듬감을 주어 움직임을 연상하게 했고 선의 움직임으로 얼굴의 입체적인 느낌을 표현했다. 한 가지 색만을 사용하여 더욱 강하고 절제된 이미지를 주었다. 단순한 선을 얼굴에 그려 주어 인체가 가진 자연스러운 굴곡에 입체감을 더했다.

---

2. 디자인 계획

컬러 계획 ▶

BK
R : 0
G : 0
B : 0

전개·이미지 발상 및
스케치 ▶

그래픽 같은 단순한 간략한 선을 얼굴 위에 응용했다. 입체적이고 기하학적인 분위기를 묘사했다.

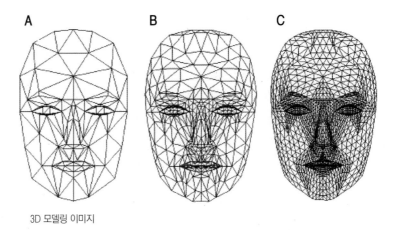

3D 모델링 이미지

3. 디자인 표현

일러스트 ▶

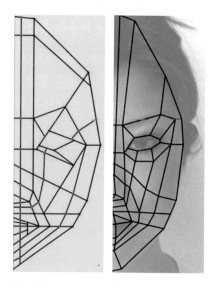

4. 디자인 결정

완성작품 ▶

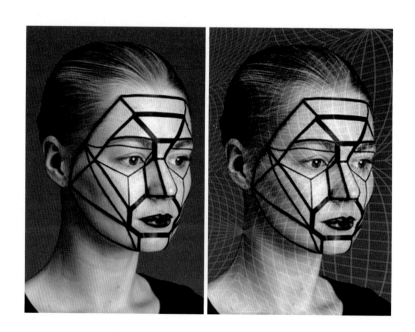

2
보디페인팅 디자인

디자인 과정 · 주제 - 21C 비너스

---

1. 디자인 준비

문명과 산업의 발달로 인해 각박한 사회 안에서 메말라버린 인간의 내적 감성을 표현했다. 복잡하고 어지러운 선의 표현과 절제된 색상을 통해 상반된 느낌을 강조했다. 감정을 잃어버린 기계의 형상을 인체 위에 정교하게 표현하여 기계화된 인간의 심성을 드러내는 감성적 표현을 시도했다. 에어브러시 기법과 함께 정교한 터치는 핸드페인팅 작업으로 마무리했다.

---

2. 디자인 계획

컬러 계획 ▶

Wh
R : 255
G : 255
B : 255

Bk
R : 0
G : 0
B : 0

전개·이미지 발상 ▶ 기계적인 복잡한 선의 표현과 타투 기법을 응용했다. 인간과 기계문명의 조화를 표현했다.

왼쪽 : 전신주
오른쪽 : 타투

3. 디자인 표현

일러스트 ▶

4. 디자인 결정

완성작품 ▶

$\overline{3}$

헤어 디자인

디자인 과정	주제 – 이니그마

1. 디자인 준비

동양 무술(martial arts)의 신비하면서도 불가사의한 에너지의 발산에서 영감을 받아 남성과 여성의 강인함과 몽환적인 느낌을 표현했다. 단순한 색감을 이용했으며 정교한 커트의 라인과 흘러내리는 자연스러운 헤어라인을 통해 감각적이고 신비로운 분위기를 연출했다.

2. 디자인 계획

컬러 계획 ▶

Gy
R : 148
G : 142
B : 140

Sgy
R : 232
G : 232
B : 232

전개·이미지 발상 ▶ 유연하고 강인한 분위기를 연출한다.

태극과 태권도 동작

3. 디자인 표현

일러스트 ▶

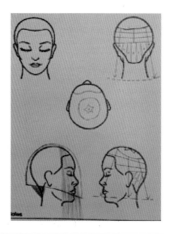

4. 디자인 결정

완성작품 ▶

네일 디자인

디자인 과정	주제 – 스노우 화이트

---

1. 디자인 준비

여러 가지 크기의 스톤을 이용하여 손 위에 하얀 눈이 내린 것 같은 이미지를 표현했다. 스톤의 입체감을 통해 촉각적 감성을 도모했으며 절제된 색감을 통해 조용하고 부드러운 이미지를 연출했다. 다른 종류의 오브제를 함께 사용하여 풍성한 느낌을 더했고 다양한 크기의 스톤을 자유롭게 배열하여 절제된 감성을 순수하고 깨끗한 이미지로 표현했다.

---

2. 디자인 계획

전개·이미지 발상 ▶   눈 결정체 같은 느낌의 스톤 선정, 다양한 오브제를 함께 사용하여 자유로운 배열을 통해 풍성하고 감성적인 감각을 표현했다.

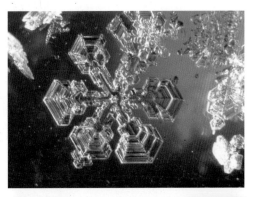

위 : 눈의 결정
아래 : 스톤 팔찌

3. 디자인 표현

일러스트 ▶

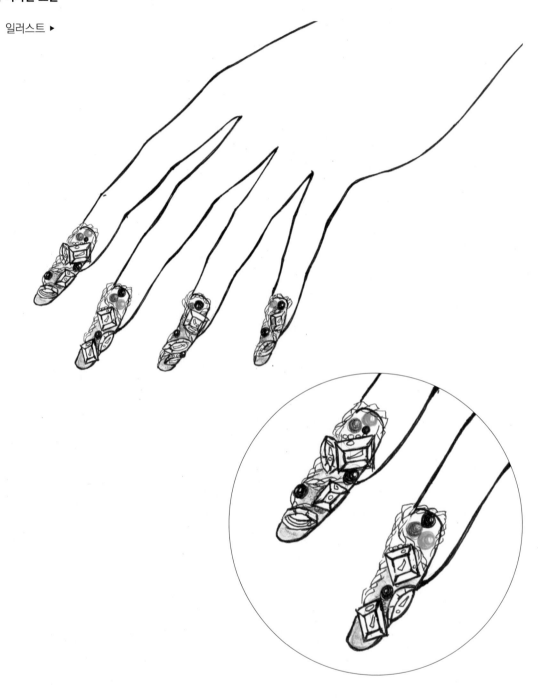

4. 디자인 결정

완성작품 ▶

권상구(1999). **기초디자인**. 미진사.

권태일 외(2007). **뉴네일아트**. 메디시안.

김경란, 주선영(2010). **네일아트**. 형설출판사.

김광숙 외(2003). **메이크업 & 코디네이션**. 예림.

김영미 외(2003). **네일스타일북**. 예림.

김옥연 외(2013). **뉴 미용문화사**. 메디시언.

김윤배, 최길열(2011). **디자인 발상 이론과 실제**. 태학원.

김준, 길종구(2009). **창의력 개발과 창조적 경영**. 삼영사.

김준교, 김희연(2011). **디자인이다**. 커뮤니케이션북스.

김진홍(2003). **디자인원론**. 법서출판사.

김채수(1996). **21세기 문화이론 과정학**. 교보문고.

데이비스 비튼 저, 강영숙 외 역(2009). **그레이트 헤어**. 예림.

문찬 외(2010). **기초조형 Thinking**. 안그라픽스.

미셀 루즈번스타인, 로버트 루즈번스타인 저, 박종성 역(2007). **생각의 탄생**. 에코의 서재.

민경우(1996). **디자인의 이해**. 미진사.

박영원(1994). **시각표현**. 국제출판도서.

박화술(1983). **창조공학원론**. 학문사.

빅터 파파넥 저, 현용순, 이은재 역(1995). **인간을 위한 디자인**. 미진사.

송팔용 외(2014). **뷰티산업 비즈니스컨설팅**. 구민사.

우흥룡(1996). **디자인 사고와 방법**. 창미.

윤민희(2003). **문화의 키워드 디자인**. 예경.

임연웅(1992). **디자인방법론 연구**. 미진사.

정갑연, 김은주(2012). **미용학개론**. 훈민사

조동성(2003). **디자인 혁명, 디자인 경영**. designNET.

조동성, 김보영(2006). **21세기 뉴르네상스 시대의 디자인 혁명**. 한스미디어.

조성근(1997). **산업 디자인론**. 조형교육.

조영식(2000). **인간과 디자인의 교감, 빅터 파파넥**. 디자인하우스.

최길열(2000). **디자인발상연구**. 주간디자인신문(주).

최윤식(2014). **미래학자의 통찰법**. 김영사.

한국디자인학회(2003). **기초디자인**. 인그라픽스.

한국미술연구소(1997). **디자인? 디자인!!**. 시공사.

Gorden Miller(1997). *Art & Science of Nail Technology*. Milady Pubilshing Company.

한국학중앙연구원. 한국민족문화대백과사전(http://encykorea.aks.ac.kr).

Picture Credits

CHAPTER 1

CHAPTER 2

8		p.117 ⓒ pennyspitter (플리커 ⓒ ⓘ)
9		p.117 ⓒ Toronto Public Library Special Collections (플리커 ⓒ ⓘ ⊚)
10		p.117 ⓒ ierdnall (플리커 ⓒ ⓘ)
11		p.118 ⓒ ierdnall (플리커 ⓒ ⓘ ⊚)
12		p.118 ⓒ JamesGardinerCollection (플리커 ⓒ ⓘ ⊚)
13		p.118 ⓒ ierdnall (플리커 ⓒ ⓘ ⊚)
14		p.118 ⓒ Ky (플리커 ⓒ ⓘ)
15		p.119 ⓒ RenéLalique (위키피디아 ⓒ ⓘ ⊚)
16		p.121 ⓒ ierdnall (플리커 ⓒ ⓘ ⊚)
17		p.121 ⓒ Luke McKernan (플리커 ⓒ ⓘ ⊚)
18		p.121 ⓒ Luke McKernan (플리커 ⓒ ⓘ ⊚)
19		p.121 ⓒ Un divertimiento de @saulomol. Avatar: M. Eichele (플리커 ⓒ ⓘ)
20		p.122 ⓒ danceonair1986 (플리커 ⓒ ⓘ ⊚)
21		p.122 ⓒ ierdnall (플리커 ⓒ ⓘ ⊚)

22		p.122 ⓒ Patrick Lentz (플리커 ⓒⓘⓞ)	30		p.125 ⓒ ierdnall (플리커 ⓒⓘⓞ)
23		p.122 ⓒ ierdnall (플리커 ⓒⓘⓞ)	31		p.125 ⓒ ierdnall (플리커 ⓒⓘⓞ)
24		p.124 ⓒ Pierre Tourigny (플리커 ⓒⓘ)	32		p.125 ⓒ ierdnall (플리커 ⓒⓘⓞ)
25		p.124 ⓒ danceonair1986 (플리커 ⓒⓘⓞ)	33		p.125 ⓒ Film Star Vintage (플리커 ⓒⓘ)
26		p.124 ⓒ Insomnia Cured Here (플리커 ⓒⓘⓞ)	34		p.125 ⓒ 1950sUnlimited (플리커 ⓒⓘ)
27		p.124 ⓒ ierdnall (플리커 ⓒⓘⓞ)	35		p.128 ⓒ ierdnall (플리커 ⓒⓘⓞ)
28		p.125 ⓒ 위키피디아	36		p.128 ⓒ Bess Georgette (플리커 ⓒⓘⓞ)
29		p.125 ⓒ ierdnall (플리커 ⓒⓘⓞ)	37		p.128 ⓒ 1950sUnlimited (플리커 ⓒⓘ)

38		p.128 ⓒ jinterwas (플리커 ⓒ ①)	46		p.130 ⓒ ierdnall (플리커 ⓒ ① ◎)
39		p.128 ⓒ ierdnall (플리커 ⓒ ① ◎)	47		p.130 ⓒ 1950sUnlimited (플리커 ⓒ ①)
40		p.128 ⓒ kate gabrielle (플리커 ⓒ ①)	48		p.130 ⓒ Bess Georgette (플리커 ⓒ ① ◎)
41		p.130 ⓒ Michael Coté (플리커 ⓒ ①)	49		p.134 ⓒ 위키피디아
42		p.130 ⓒ ierdnall (플리커 ⓒ ① ◎)	50		p.134 ⓒ ierdnall (플리커 ⓒ ① ◎)
43		p.130 ⓒ Bess Georgette (플리커 ⓒ ① ◎)	51		p.134 ⓒ twitchery (플리커 ⓒ ①)
44		p.130 ⓒ Ethan (플리커 ⓒ ①)	52		p.134 ⓒ twitchery (플리커 ⓒ ①)
45		p.130 ⓒ ierdnall (플리커 ⓒ ① ◎)	53		p.134 ⓒ twitchery (플리커 ⓒ ①)

54		p.134 ⓒ ierdnall (플리커 ⓒ ① ◎)
55		p.136 ⓒ Craig Howell (플리커 ⓒ ①)
56		p.136 ⓒ Kenneth Setser (플리커 ⓒ ①)
57		p.136 ⓒ Craig Howell (플리커 ⓒ ①)
58		p.136 ⓒ twitchery (플리커 ⓒ ①)
59		p.136 ⓒ Craig Howell (플리커 ⓒ ①)
60		p.136 ⓒ twitchery (플리커 ⓒ ①)
61		p.136 ⓒ Craig Howell (플리커 ⓒ ①)
62		p.136 ⓒ Craig Howell (플리커 ⓒ ①)
63		p.137 ⓒ zanone (위키피디아 ⓒ ① ◎)
64		p.138 ⓒ dino quinzan (위키피디아 ⓒ ① ◎)
65		p.139 ⓒ Tom (플리커 ⓒ ①)
66		p.139 ⓒ fervent-adepte-de-la-mode (플리커 ⓒ ①)
67		p.140 ⓒ Tiina L (플리커 ⓒ ①)
68		p.140 ⓒ Eduardo Sciammarella (플리커 ⓒ ① ◎)
69		p.140 ⓒ Raoul Luoar (플리커 ⓒ ①)

정연자
건국대학교 일반대학원 복식디자인 이학박사
현재 건국대학교 디자인대학 뷰티디자인전공 교수

김진희
건국대학교 일반대학원 의상디자인전공 박사수료
현재 우송대학교 외래강사

BEAUTY
DESIGN
CREATIVE
뷰티 디자인

2015년 3월 6일 초판 인쇄 | 2015년 3월 13일 초판 발행

지은이 정연자·김진희 | **펴낸이** 류제동 | **펴낸곳 교문사**

편집부장 모은영 | **책임진행** 손선일 | **디자인** 신나리 | **본문편집** 김미옥

제작 김선형 | **홍보** 김미선 | **영업** 이진석·정용섭 | **출력·인쇄** 삼신인쇄 | **제본** 한진제본

주소 (413-120)경기도 파주시 문발로 116 | **전화** 031-955-6111 | **팩스** 031-955-0955

홈페이지 www.kyomunsa.co.kr | **E-mail** webmaster@kyomunsa.co.kr

등록 1960. 10. 28. 제406-2006-000035호

ISBN 978-89-363-1469-9(93590) | 값 20,000원